可控多射流针盘静电纺丝技术及其应用

刘 志 著

中国纺织出版社有限公司

内 容 提 要

本书详细介绍了可控多射流静电纺丝技术——针盘静电纺的产生背景、纺丝原理、纺丝参数影响规律。重点介绍了当前纳米纤维批量化生产方法，可控多射流针盘静电纺的提出背景及纺丝基本原理；并通过数值模拟与实验验证对传统管式单针头静电纺和圆盘静电纺进行比较、优化纺丝参数；最后，通过可控多射流针盘静电纺技术制备粗糙表面纳米纤维及柔性有机无机核壳结构纳米纤维，并探究其在油水分离和微滤中的应用性能。

本书可作为高等院校纺织工程相关专业研究生、本科生的参考用书，也可供从事相关研究的科研人员、工程技术人员参考。

图书在版编目（CIP）数据

可控多射流针盘静电纺丝技术及其应用 / 刘志著
. -- 北京：中国纺织出版社有限公司，2021.9
纺织前沿技术出版工程
ISBN 978–7–5180–8783–9

Ⅰ.①可… Ⅱ.①刘… Ⅲ.①静电纺纱 Ⅳ.
①TS104.7

中国版本图书馆 CIP 数据核字（2021）第 160997 号

责任编辑：沈 靖　责任校对：王蕙莹　责任印制：何 建

中国纺织出版社有限公司出版发行
地址：北京市朝阳区百子湾东里A407号楼　邮政编码：100124
销售电话：010—67004422　传真：010—87155801
http://www.c-textilep.com
中国纺织出版社天猫旗舰店
官方微博 http://weibo.com/2119887771
唐山玺诚印务有限公司印刷　各地新华书店经销
2021年9月第1版第1次印刷
开本：710×1000　1/16　印张：12.5
字数：210千字　定价：88.00元

前　言

纳米纤维因其比表面积大、孔隙率高、空隙间相互连通、直径和厚度可控等优点，被广泛用于组织工程、过滤行业、光电设备、传感器等领域。静电纺丝技术是一种直接有效的制备纳米纤维的工艺方法。然而，自静电纺丝技术诞生以来，其制备纳米纤维产量低的缺点一直未得到很好的解决。

为此，本书在前期研究的基础上，提出可控多射流静电纺丝技术——针盘静电纺。该纺丝方法可以在射流数量可控、电压较低的情况下批量制备直径分布均匀的多种类聚合物纳米纤维，为纳米纤维的批量化生产和应用起了一定的促进作用。书中提出了二元溶剂下制备褶皱表面纳米纤维的机理，对制备表面粗糙从而有特殊润湿性能的纳米纤维有一定的指导意义；同时，制备超亲水/水下超疏油有机/无机纳米纤维膜，对油滴尺寸大于1μm的油水乳液有较好的分离效果；并提出制备机理，对其他功能有机/无机纳米纤维膜制备及相关应用有一定的借鉴和指导意义。

本书的相关研究工作得到了多位专家、学者的大力指导与帮助，尤其感谢赵江惠老师在测试等方面提供的帮助。同时感谢国家自然科学基金青年项目（52003002）、安徽省自然科学基金青年项目（1908085QE223）、安徽工程大学引进人才科研启动基金（2017 YQQ012）、安徽工程大学"中青年拔尖人才"项目对本著作相关研究的支持。

由于作者水平有限，书中难免存在疏漏与不妥之处，恳请广大读者不吝赐教，容后改进。

刘志

2021年4月

目　录

第一章　绪论

纳米纤维因其独特的优异性能而被广泛地关注、研究与应用。然而，静电纺丝技术作为制备纳米纤维主要的方法之一，自"诞生"以来，产量低的缺点一直未得到很好的改进。本章从纳米材料、纳米纤维讲起，到静电纺技术的发展历程，再到提高纳米纤维产量的方法——"多针纺"和"无针纺"的发展历程。为可控多射流静电纺技术——针盘静电纺的提出奠定基础。

第一节　纳米材料及纳米纤维简介

一、纳米材料简介

物质世界有宏观和微观之分。从物理的角度来说，宏观和微观是尺度概念。一般来说，宏观是指人肉眼能看到的范围，服从经典力学，人类肉眼所能看到的最小尺寸为0.1mm。微观则与宏观相对，包括分子、原子、原子核、基本粒子及与之相应的场，服从量子力学。然而，在"宏观"和"微观"之间，有一段尺度——纳米，如图1-1-1所示。近几十年来，纳米引起了全世界科研工作者广泛的研究兴趣。

"纳米"为10^{-9}m，单位为"nm"，相当于人类头发丝的万分之一。狭义的纳米指尺度在1~100nm之间；广义的纳米指1~1000nm之间。一维、二维和三维物体的全部或物体的一部分在纳米尺寸范围，都可以称为

图 1-1-1　尺寸概念图

纳米材料[1]。纳米材料因为其小尺寸特点和独特的结构具有传统材料不具备的奇异的物理和化学效应，称之为纳米效应。纳米效应包括表面效应、小尺寸效应和宏观量子隧道效应等[2]。材料尺寸进入纳米量级时，将展现出独特的电学性质、光学性质、磁学性质、热学性质和力学性质，以及化学性质等。纳米材料在各个学科领域展现出广阔的应用前景[3-4]，引起了全世界科研工作者极大的研究兴趣。某种程度来说，21世纪是一个纳米材料的世纪[5]。

二、纳米纤维简介

1. 纳米纤维纺丝装置及影响因素

纳米纤维是指直径为纳米尺度而长度较大的具有一定长径比的线状材料。纳米纤维的制备方法有很多种。例如，日本东丽公司20世纪70年代开发了海岛模型，用于制备纳米纤维[6]；日本东京大学提出催化挤出法制备聚合纳米纤维[7]；此外，还有模板合成法[8]、自组装法[9]、分子喷丝板纺丝法等[10]；1934年，美国Formhals教授发明了一种利用静电斥力来生产聚合物纤维的装置并申请了专利[11]，第一次阐述了利用高压静电克服聚合物溶液表面张力来制备纳米纤维的方法。在这些纺丝方法中，静电纺丝法成为公认的成本低廉、设备简单、直接有效的制备纳米纤维的方法。

图1-1-2是传统单针头静电纺丝装置示意图。该装置包括注射器、

注射泵、高压静电发生器和接收板。在实际纺丝过程中，一般来说有横向纺丝［图1-1-3（a）］和纵向纺丝［图1-1-3（b）］两种方式。接收装置一般分为滚筒接收［图1-1-3（c）］、平板接收［图1-1-3（d）］两种方式。其中，滚筒接收到的纳米纤维膜厚度均匀性更好[12]。高压静电发生器一般为直流高压电源。也有学者研究交流高压电源发生器对纺丝过程的影响，指出交流高压电源下，纺丝时间会大幅增加，可以获得

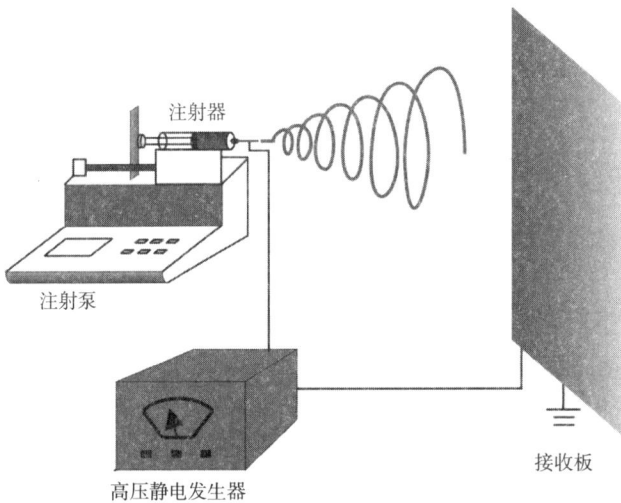

图 1-1-2　传统单针头静电纺丝装置示意图

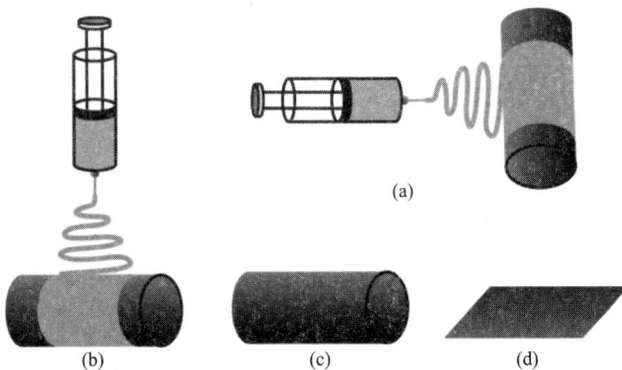

图 1-1-3　不同的纺丝方法和接收装置示意图

厚度更大的纳米纤维膜[13]。这是由于直流电源下，纳米纤维中带有相同电性的电荷，纤维之间有排斥作用，不利于纳米纤维连续地沉降在接收板上。而交流高压电源下会大大改善这种现象，所以可以得到厚度较大的纳米纤维膜。

影响纺丝过程和纳米纤维形貌的参数见表1-1-1。一般来说，电压越高，电场强度越强，纳米纤维直径会越小。但当电压超过某个临界值时，纺丝过程开始变得不稳定，纤维直径粗细不匀程度会增加[14]。随着接收距离的减小，电场强度会变大，纤维直径会变小。值得注意的是，过小的接收距离会导致溶剂挥发不完全，从而造成纤维直径变大。而对于同一种溶液来说，溶液浓度（黏度）越大，纳米纤维直径越大[15]。但当溶液浓度过大时，分子链的取向就需要更大的电场强度，由于溶液里溶质的增加，会导致纤维直径增大。当浓度更大时，会阻塞针头，使纺丝过程不能进行[16-17]。

表 1-1-1　影响纺丝过程和纳米纤维形貌的参数

影响因素	具体参数
纺丝参数	电压、接收距离
溶液参数	黏度、电导率、表面张力
环境参数	温度、湿度
其他	接收装置、横向或纵向纺丝

增加溶液的电导率，会增加溶液的荷电性能，从而电场强度变大，得到的纳米纤维直径会变小。溶液的表面张力与溶液受到的电场强度是一对斥力。因而在同样的纺丝条件下，溶液表面张力越大，得到的纳米纤维直径越大。环境参数对纺丝过程有至关重要的影响。一般来说，增加温度，溶剂挥发速度越快，使纤维直径变小；环境湿度对纺丝的影响比较复杂。通常情况下，环境湿度大时，溶剂不易挥发，得到的纤维直径较大。另外，环境湿度对纤维形貌有很大的影响，在相对湿度比较大的情况下，通常更容易得到表面多孔或者有沟槽的纳米纤维膜[18-19]。

2.纳米纤维膜的优点和应用范围

纳米纤维以无序的形式沉积在接收板上，形成纳米纤维膜。纳米纤维膜具有很多优点：①因为纳米纤维具有很高的长径比，因而有很高的比表面积；②高的孔隙率；③直径和厚度可控性好。这些独特的优势，使得纳米纤维膜具有广泛的应用范围（图1-1-4），具体如下。

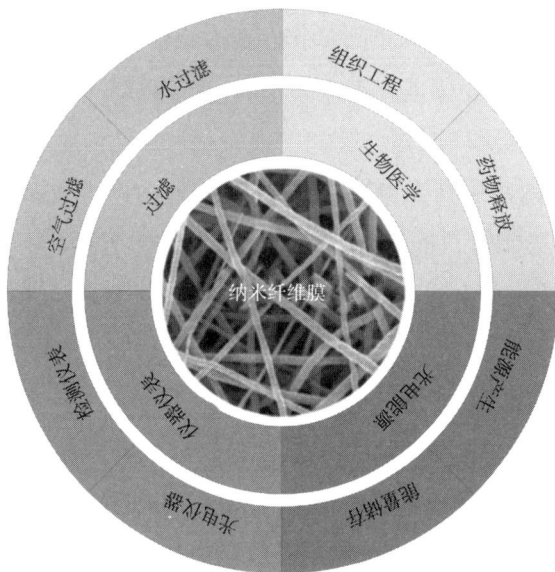

图 1-1-4　纳米纤维膜的应用范围示意图

（1）纳米纤维膜在组织工程中的应用。纳米纤维具有与天然细胞外基质相似的微观结构[29]。细胞在纳米纤维上具有很好的黏附特性。纳米纤维膜所具有的合适的孔径和高孔隙率有利于细胞的附着和细胞外基质的形成，氧气和营养物质的运输以及代谢物质的排放。因此，纳米纤维膜在支架材料上有着很好的应用前景。天然高分子材料如蚕丝蛋白、胶原蛋白、纤维素和壳聚糖等[30-35]，合成高分子材料如聚乳酸、聚己内酯等因具有良好的生物相容性，被加工成纳米纤维膜而应用在支架材料上[36-40]。并且根据生物材料的不同，可以实现药物的快释和缓释，从而达到控释的目的[41-45]。

（2）纳米纤维膜在过滤方面的应用。制备高效过滤介质直接有效的方法就是使用纳米尺寸的纤维材料[46-47]。纳米纤维高的比表面积使得纤维表面具有很强的表面能和吸附能力。这些特点使纳米纤维膜在空气过滤方面有很大的优势[48-52]。一方面纳米纤维膜的孔径较小且可控性好，其孔径可大到几微米小到100nm，小的孔径可以截留普通非织造布不能截留的小颗粒污染物；另一方面纳米纤维膜强的吸附能力也有助于吸附仅依靠孔径而不能截留的极小颗粒的污染物。在水过滤中，高的孔隙率能提高膜的水过滤通量[53-56]。因此，不久的将来，过滤行业中必将有纳米纤维膜的一席之地。

（3）纳米纤维膜在光电能源方面的应用。纳米纤维膜结构尺寸小，通过复合等方法能够制备出具有独特光学特性的纳米纤维膜。锂离子纳米纤维电池隔膜因具有很高的孔隙率，所以吸液性能好，离子电导率高，是公认的具有高性能的锂离子电池隔膜材料[57-61]。PAN基碳纳米纤维膜作为超级电容器电极材料可以改善电子/离子的传输动力和提高碳纳米纤维对电解液的吸附和脱附能力，进而获得高性能的超级电容器[62-66]。An等[67]以静电纺丝技术为基础制备了活性介孔PAN基碳纳米纤维。经电化学测试结果表明，该PAN基碳纳米纤维电极具有优异的电化学性能。当电流密度为0.2A/g时，其比电容为207F/g，能量密度为23.1W·h/kg，经3000次充放电循环后，仍然有93%的电容保持率。

（4）纳米纤维膜在仪器仪表方面的应用。纳米纤维尺寸小、比表面积大等优点有助于提高传感器的灵敏度和选择性，展示出在传感器领域应用的巨大潜力。纳米纤维传感器的研究也已经扩展到了气体、生物和化学传感器等方面[68-72]。邓等[73]采用静电纺丝的方式制备一层聚乙烯醇/羧甲基纤维素复合纳米纤维膜。对所设计的纳米纤维膜传感器进行温湿度响应测试，传感器湿度灵敏度为0.0198dB/%RH，温度灵敏度为11.730pm/℃。结果表明，静电纺丝法是一种制备光纤传感器表面湿度敏感涂层的有效方法。孙等[74]采用静电纺丝技术制备了PAN/CoCl$_2$复合纳米纤维膜，并组装成纳米纤维比色湿度传感器。结果表明，在11%～75%

的相对湿度环境下，PAN/CoCl₂纳米纤维比色湿度传感器的电流在12s内可达1023nA左右；当相对湿度降至11%时，2s内电流可从2187nA降至10nA，具有快速响应和恢复能力。

3. 静电纺丝法制备纳米纤维的发展历程

静电纺丝法是指电场强力克服溶液表面张力而使溶液拉伸细化形成纳米纤维的纺丝方法。在1934年首先由Formhals教授提出，被公认为是静电纺丝技术制备纳米纤维的开端。随后相当长的一段时间内，静电纺丝技术鲜为人知，只有为数不多的若干专利[75-76]。直到20世纪90年代，随着纳米技术的进步，静电纺丝技术才又重新走进人们的视野。

1995年起，美国阿克隆大学Reneker教授团队对静电纺丝工艺作了初步的研究[77-79]，制备了多种聚合物，并对纺丝过程和工艺参数进行了优化研究。随后的几年内，静电纺丝主要集中在材料的制备和工艺参数的优化上。文章数量以每年两倍的速度增长，截至2003年文章数量已经达到约200篇。一百多种天然的、合成的聚合物被纺成直径为几纳米到几微米的纤维[80-83]。

随后，静电纺丝技术得到了更多人的关注和快速发展。电纺丝技术被扩展到更多的应用领域如纤维增强材料、防护、生物医用、过滤等领域[65-87]。同时，研究者对静电纺丝技术的机理方面也有了很多的解释。解释静电纺丝的机理是一个充满挑战的工作，它涉及物理、化学和数学知识，需要交叉学科的知识。机理的研究主要集中在两个方面：①Taylor锥与射流的形成；②射流在空气中的弯曲非稳定性。

早在1964年，Taylor在流体动力学相关计算与实验的基础上，得出Taylor锥理论上临界锥角为49.3°[88]。但在2001年，Suvorov等[89]通过计算和实验验证，认为随着电场的不断加强，液体表面达到临界状态时，轮廓仍为锥角，但锥角为33.5°。但是，他们在研究中所用的液体是理想的离子导电体。因此，这个结论只适合于理想及近似理想的离子导电体性质的溶液。在2006年，Maheshwari和Chang[90]研究了交流电条件下的Taylor锥形状，发现交流电条件下产生的锥角大约为9°，但是形成机理有待进一步研究。

当电场强度达到一个临界值时，溶液表面张力不足以维持泰勒锥的形态，打破原有平衡，便会形成带电射流。纺丝过程中，射流受到电场力、表面张力、射流内应力和重力等作用力。随着溶剂挥发和纤维的固化，射流的受力不断地发生变化并表现出非稳定性。射流在这些力的作用下会弯曲，形成环形[91-92]。越接近接收板，环形直径越大，最后固化形成纳米纤维。这些理论帮助我们更好地了解纺丝过程，然而，更进一步地了解纺丝过程，以达到更好地控制纺丝过程仍然是急需解决的问题。

在此过程中，如何获得直径更小的纳米纤维[93-94]，如何获得取向度高的纳米纤维成为研究热点[95-97]。2002年，韩国Kim课题组通过结合溶胶凝胶法和电纺丝方法得到了硼酸铝氧化物/聚乙烯醇复合纳米纤维，开启了无机纳米纤维的先河[98]。无机纳米纤维可以在催化、高温等严苛条件下使用，在传感器等方面有广阔的应用前景[99-100]。随后，在2003年，Yarin等[101]通过一步静电纺丝法获得核壳纳米纤维/中空纳米纤维。自此，同轴静电纺进入人们的视野[102-103]。

此后，静电纺丝技术更多情况下是作为一种制备纳米纤维的手段，科研工作者更多地关注纳米纤维的应用。相应地，纳米纤维越来越多的应用领域被开发出来。

纳米纤维简易的制备过程和诸多的应用范围激发了科研工作者的热情。在web of science上以"electrospinning"或者"electrospun"为主题词搜索，每年发表的相关文献数量如图1-1-5所示。由图可知，在1995年以前没有相关文献发表。2000年前的论文数量很少，只有17篇。随后，发表文献数量逐年增加。然而，直到2005年，每年也不过发表315篇。2005年以后，发表相关文献数量呈井喷式增长。到2012年时，发表文献数量为2135篇。2014年时，文献数量突破3000篇。2014年后，增长不明显，但每年文献数量都超过3000篇。由此可见，纳米纤维及其产品的研究得到了科研工作者的广泛关注。

一方面，2016年5月BBC报道了纳米纤维全球市场前景（图1-1-6）。

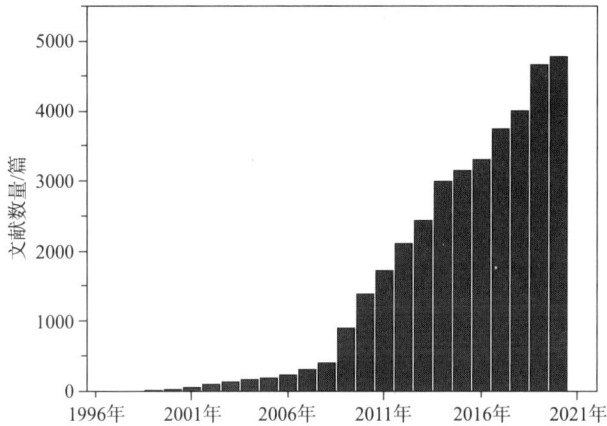

图 1-1-5 静电纺相关的文献数量统计图

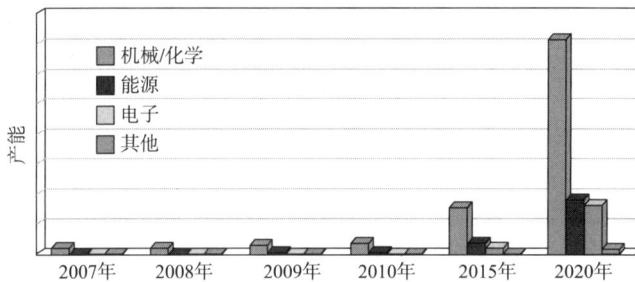

图 1-1-6 纳米纤维在不同领域的全球市场产能预测图

在2013年纳米纤维产品全球市场为2.03亿美元，2014年则为2.77亿美元，而2015年全球市场已经达到3.84亿美元。每年增长率达到38.6%，预计2020年全球市场将达到20亿美元。另一方面，虽然纳米纤维受到全世界科研院校和企业的广泛关注，但是作为制备纳米纤维最主要的方法之一，如何在保证质量的同时大批量生产纳米纤维仍是一个突出的缺点。只有进一步解决这一问题，才能满足纳米纤维全球的产业化需求，推动纳米纤维产业的进步与发展。

第二节 纳米纤维批量化生产发展历程

一、多针静电纺批量制备纳米纤维的发展历程

一直以来，科研工作者就如何提高纳米纤维的产量做着不懈的追求。从最初的多针纺到现在的无针纺，纳米纤维产量越来越高，纳米纤维质量也越来越好。然而，与每年发表的纳米纤维相关的文献相比，提高产量的相关文献数量则相形见绌（图1-2-1）。文献数量显示出一方面相关研究报道较少，另一方面说明提高产量的难度之大。

提高纳米纤维的产量时，会很自然地想到增加针头的数量。最初的研究工作也是集中于多针纺。直线式排列是最先尝试的方式（图1-2-2）[104-106]。不同数量的针头以一定的距离和一定的数量按直线形式排成一排。这种排列方式简单易行，但是射流之间的电场干扰十分明显。射流向两端倾斜，而且越靠近两端，倾斜角越大［图1-2-2（a）］。Liu等[106]模拟了5根针头的直线排列情况（图1-2-3），可以看到，电场分布不均匀，两端的电场强度比较强，而中间的电场强度较弱。

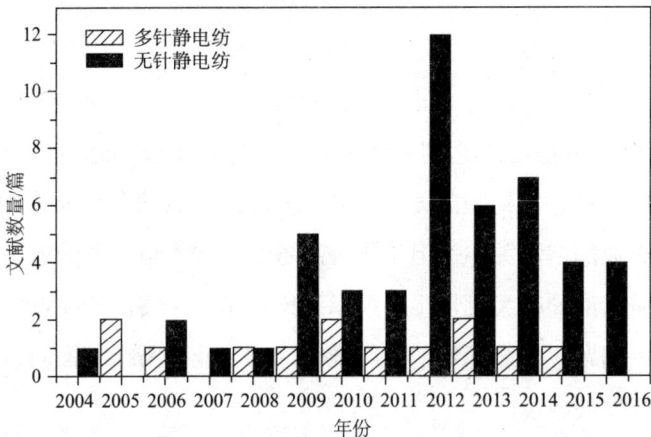

图1-2-1 多针静电纺和无针静电纺的每年发表的文献数量统计图

(a) 9根联排式多针静电纺[104]

(b) 10根联排式多针静电纺[105]

(c) 4根联排式多针静电纺[106]

(d) 6根联排式多针静电纺[106]

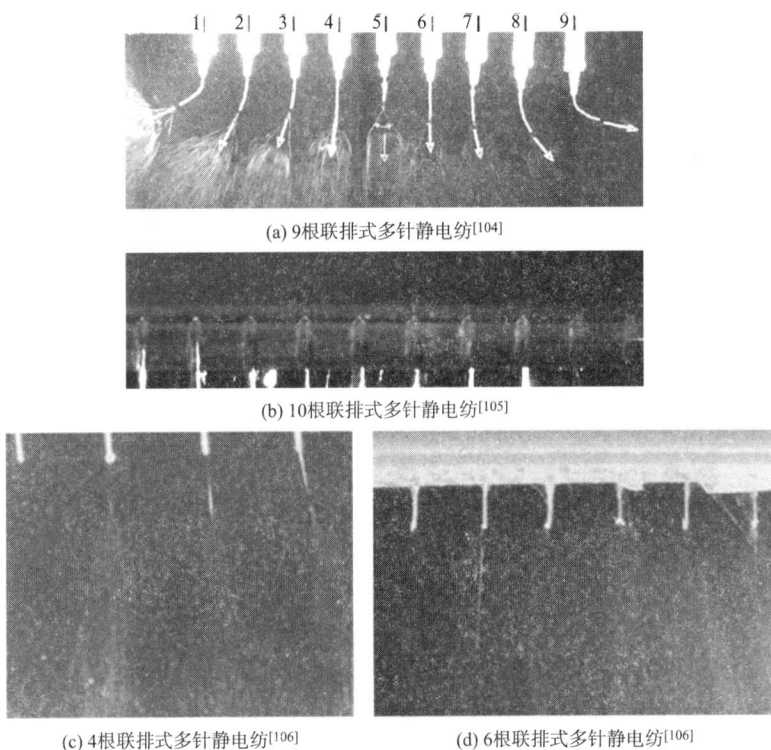

图 1-2-2　不同数量针头纺丝光学图

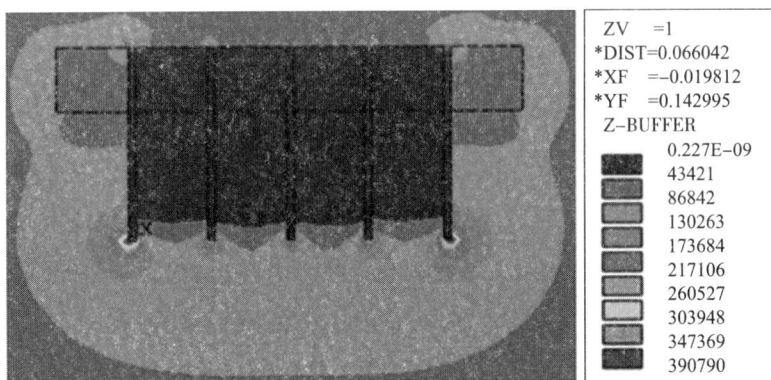

图 1-2-3　5 根针头在直线排列情况下的电场分布示意图[83]

　　同时，研究者尝试了非直线式的排列方式。这种方法下，针头以一定的几何形状排列，来达到降低针头之间电场强度干扰的效果（图1-2-4）[104, 107]。

(a) 3×3矩阵式排列[104]

(b) 3×4矩阵式排列[107]

2×1　　3×1　　3×2　　　　4×4　　　　正方形　　　　菱形

(c) 不同矩阵式排列[107]

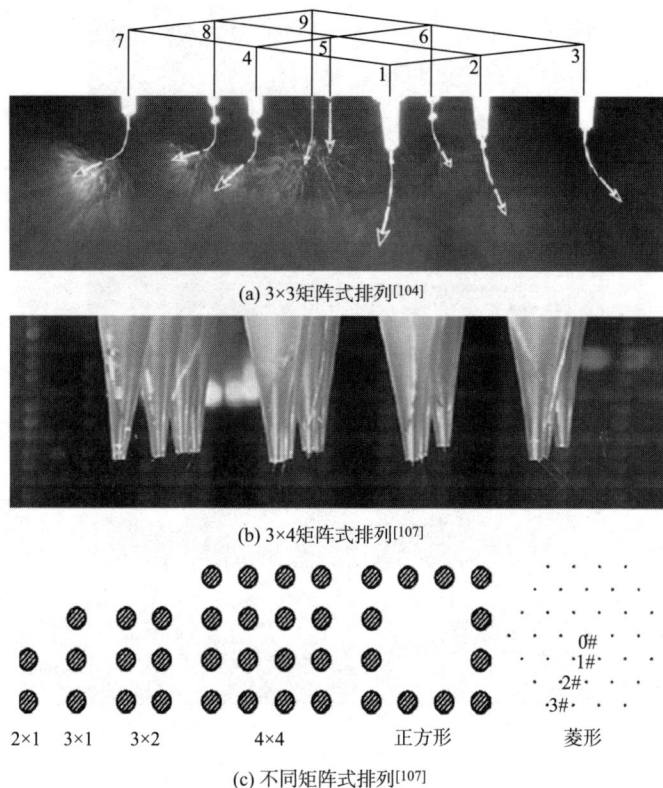

图1-2-4　不同针头排列方式多针静电纺

然而，针头之间的电场干扰现象仍然十分严重。在不移动接收板的情况下，接收到的纤维膜是一个一个的小圆形（图1-2-5），圆与圆是分离的，彼此不相连。图1-2-5（a）所示是19根针排布的情况，接收到的就为19个不相连的小圆[108]；3根针头接收到的便为相隔的3个小圆，如图1-2-5（b）所示[107]。

为了改善射流之间的相互干扰的情况，2006年，Kim等[109]在排列的针头外围加了一个辅助电极（图1-2-6）。这种方法显著地减弱了射流间的相互干扰现象，同时也避免了外界环境对喷头的干扰。图1-2-6（b）为单针头纺丝接收的纳米纤维，可以看到，不加辅助电极时，接收的区域面积比较大；而加了环状辅助电极后，纳米纤维接收区域更集中，面积减小了很多。如图1-2-7（a）所示，加了辅助电极后，19根针情况下纳米纤维接收得更均匀；3根针头的情况也是如此，如图1-2-7（b）所示，进一步证明了辅助电极可稳定射流的喷射范围。

虽然辅助电极的增加有效改善了射流之间电场的干扰，但是当针头数量比较多时，射流之间的干扰现象仍然严重，这使得针头增加的数量受到

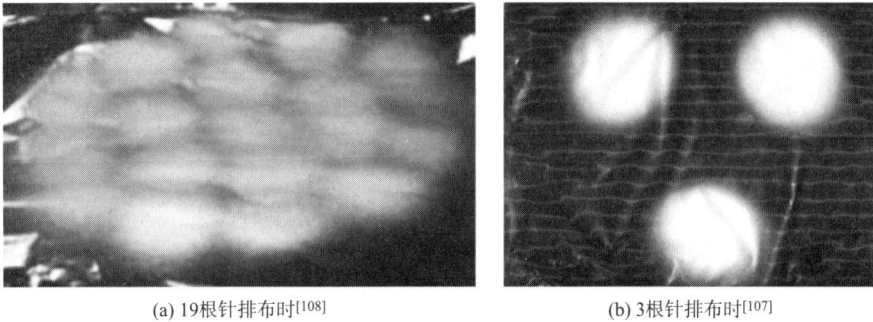

(a) 19根针排布时[108]　　　　　(b) 3根针排布时[107]

图 1-2-5　针数不同排布时接收到的纳米纤维膜形状

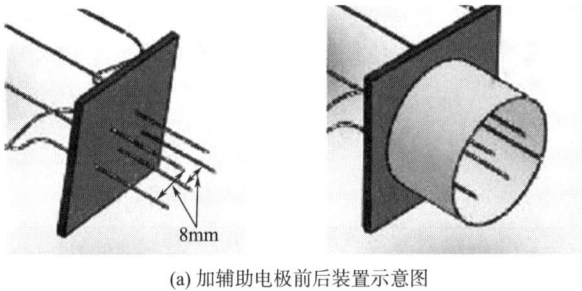

(a) 加辅助电极前后装置示意图

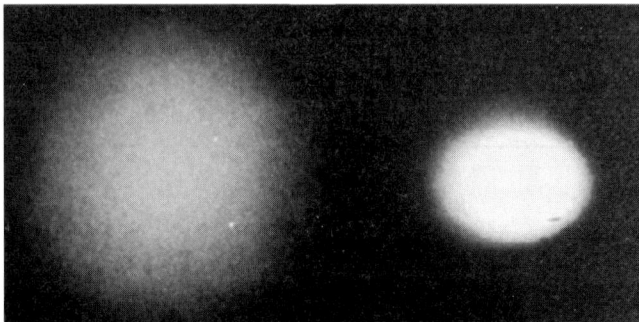

(b) 加辅助电极前后接收的纤维形状光学图

图 1-2-6　加辅助电极前后装置示意图和接收的纤维形状光学图[109]

(a) 加辅助电极时19根针纳米纤维形状图[108]

(b) 加辅助电极时3根针纳米纤维形状图[109]

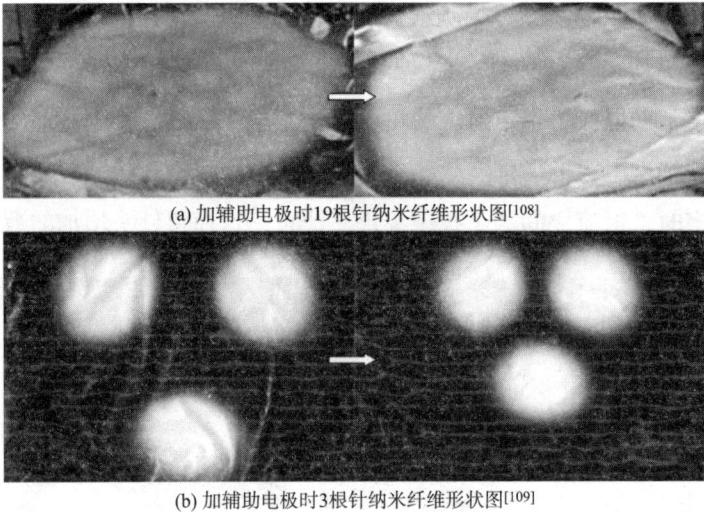

图1-2-7　加辅助电极前后接收的纳米纤维形状光学图

限制。此外，多针头在纺丝过程中，针头容易堵塞，这影响了纺丝的连续性和纳米纤维膜的均匀性。同时，大量的针头带来了非常严重的针头清洗问题和成本问题。这些缺点制约了多针纺在工业化生产过程中的进一步发展（表1-2-1）。

表1-2-1　多针纺优缺点总结

纺丝方法	优点	缺点
多针纺	可控性相对好 低电压纺丝	针头间电场干扰 针头易堵塞 针头不易清洗 成本高

二、无针静电纺批量制备纳米纤维的发展历程

1.无针静电纺丝方法发展历程

多针纺的本质是通过增加针头数来增加射流数量，从而达到提高纳米纤维产量的目的。但多针纺的诸多缺点使其发展受到了很大的限制。因此

有研究者提出是否可以不用针头来产生多个射流呢？答案是肯定的，这就是后来的"无针纺"。

无针纺发展到今天，出现了很多的纺丝装置。总结起来可以分为两大类，一是受限制自由液体纺丝法；二是自由液体表面纺丝法。

受限制自由液体纺丝法指的是液体被固定在特定的纺丝喷头中，一般喷头都会有孔，通过一定的外力让纺丝液溢出孔外，在电场强度的作用下纺成纳米纤维的纺丝方法。2006年，Chase等[110]提出了多孔管纺丝法，如图1-2-8（a）所示。这种方法依靠空气压力把纺丝液挤压出多孔管外，形成多射流，从而提高纺丝产量。在同样的条件下，纺丝产量是传统单针头纺丝的250倍。但从图1-2-8（a）可以看出，得到的纳米纤维直径分布很不均匀。2009年，Zhou等[111]研究了平板孔纺丝法，如图1-2-8（b）所示。这种方法是在纺丝喷头上开若干孔，从而增加射流数量。得到的聚氧化乙烯（PEO）纳米纤维直径均匀度有所提高。然而，此类方法可控性比较差，很难保证每个孔所受到的外力是均匀的。不均匀的外力会导致排

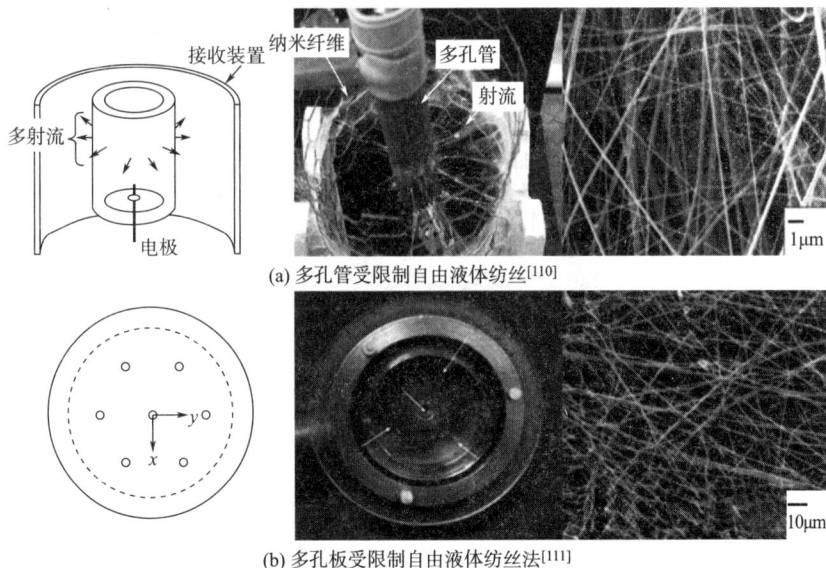

(a) 多孔管受限制自由液体纺丝[110]

(b) 多孔板受限制自由液体纺丝法[111]

图1-2-8　受限制自由液体纺丝法

出孔外的液体大小重量不同，最终会影响得到的纳米纤维的均匀度。但这种方法一般所需电压和传统单针头纺丝大小相同，也不会存在液体挥发带来的问题（表1-2-2）。

表 1-2-2　受限制自由液体纺丝法的优缺点

纺丝方法	优点	缺点
受限制自由液体纺丝法	纺丝电压低 不考虑液体挥发	纺丝过程可控性差 纤维直径分布不匀

自由液体表面纺丝法指的是纺丝液暴露在空气中，通过特定的纺丝喷头在液体表面产生多射流，从而提高纳米纤维纺丝产量的一类纺丝方法。

2004年，Yarin等[112]在纺丝液中放置磁性材料，通过磁力使纺丝液表面产生多个射流来进行静电纺丝（图1-2-9）。该装置的贮液池分为

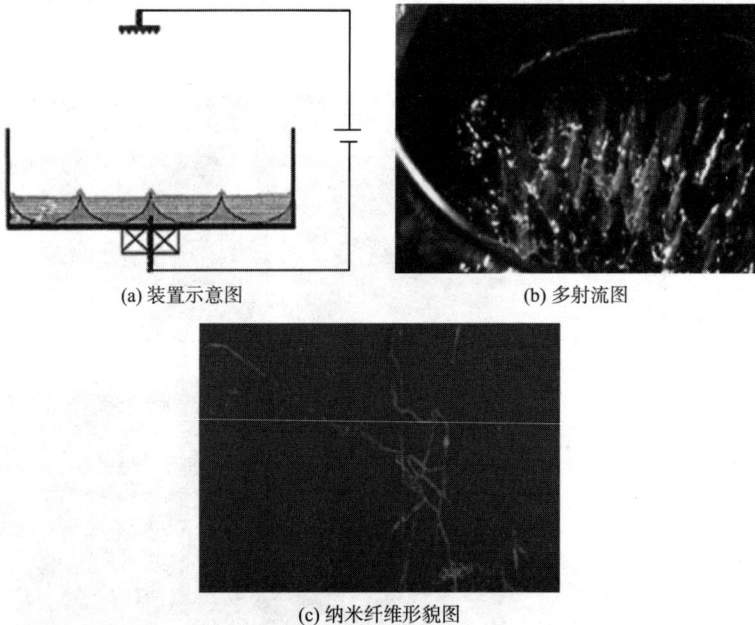

(a) 装置示意图　　　　　(b) 多射流图

(c) 纳米纤维形貌图

图 1-2-9　磁体辅助自由液体表面纺丝法[112]

两层，下层为磁性液体，上层为聚合物液体［图1-2-9（a）］。在液体与接收板之间形成一个垂直磁场，则会使纺丝液表面产生扰动，从而形成多个类似于泰勒锥的凸起，在外加电场的作用下实现纺丝［图1-2-9（b）］。然而，此方法得到的纳米纤维直径分布不均匀，同时还会有一些磁性液体残留物，使得纤维质量比较差［图1-2-9（c）］，难以满足应用要求。这种方法虽然有很多不足，如装置比较复杂、纤维质量差等缺点，但却是在自由液体表面产生多射流的一个开创性的尝试。理论上，自由液体表面可产生数百、数千乃至数万的纺丝射流，因此被认为是极具工业化前景的纺丝方法。自此，无针纺中的"自由液体表面纺丝法"进入了人们的视野。

2008年，Lukas等[113]提出"裂缝纺"［图1-2-10（a）］。该方法中纺丝液贮存在两片金属片中的裂缝里（宽度约为0.3mm）。当电场强度达到一个临界值时，自由液体表面便形成了多个射流。

2010年，Xie等[114]报道了"旋转圆锥体"纺丝方法［图1-2-10（b）］。纺丝过程中，纺丝液通过导管引流到圆锥体喷头表面。纺丝液因为自身的重力沿着圆锥体表面向下流动。圆锥体以一定的速度旋转，当电压达到一定大小时，便会在圆锥体喷头的下边缘产生多个射流。该方法获得的纳米纤维直径分布比较均匀，且纺丝产量是传统静电纺丝的1000倍以上。

同年，Gorga等[115]报道了"金属斜板"纺丝方法［图1-2-10（c）］。该方法的贮液池位于金属板的上方，纺丝液通过重力流向金属斜板的边缘。在电场强度的作用下形成射流。通过增加金属斜板的数量来增加射流的数量，从而提高纺丝产量。该方法得到的纳米纤维细度和直径均匀度与传统单针头纳米纤维相当。

2011年，Thoppey等[116]提出了"碗纺"纺丝方法［图1-2-10（d）］。纺丝过程中，纺丝液盛装于金属碗中。当受到电场强度作用时，处于碗状边沿的纺丝液会发生扰动，形成锥形突出物。当电场强度达到一定程度时，便会形成多射流。该方法的产量是传统单针头纺丝产量的40倍。但纺丝起始过程需要高电压且纺丝过程不连续。当溶液高度达不到碗边沿时，纺丝过程则会中断。东华大学覃小红等提出了类似的装置［图1-2-10（e）］，也是在金属盘边沿产生多射流[117]。图1-2-10（f）为"金属丝线"纺丝方法。该方法通过在金属丝表面涂覆聚合物溶液，依靠聚合物溶液本身的表面张力等作用，在电场强度的作用下产生多射流。该方法是Elmarco公司研制开发出来的，纺丝效率高，已进行产业化生产。

"滚筒"法不仅是较早报道出来的，而且是研究比较多的方法［图1-2-10（g）］。早在2001年，Bontaites等[118]提出了滚筒式纺丝喷头专利。旋转的滚筒表面覆盖一层纺丝液。在电场强度的作用下形成多个射流，从而提高纺丝产量。随后，在2007年，Sun等[119]报道了滚筒式纺丝方法，指出该方法纺丝产量是传统单针头纺丝产量的125倍。此后，澳大利亚迪肯大学Lin教授课题组多次对滚筒纺丝进行了更进一步的研究报道。

2009年，Lin教授课题组比较了"滚筒"纺丝方法和"金属盘"［图1-2-10（h）］纺丝方法的不同点，指出金属盘的电场主要分布在盘边缘，而滚筒则是两边电场强度比较强而中间比较弱。相比较滚筒法，金属盘可以在更低的电压下纺丝，且获得的纳米纤维比滚筒法纳米纤维的直径分布更均匀[120]。同年，Kostakova等[121]报道了"金属球"纺丝法［图1-2-10（i）］。

2012年，Lin教授课题组报道了"螺旋线圈"纺丝法［图1-2-10（j）］[122]。线圈在纺丝液中旋转并带走纺丝液，当电场强度达到一个临界值时，线圈表面便产生多个聚合物射流，得到的纳米纤维直径更均匀。在相同的条件下，产量也比滚筒法高出许多。随后，螺旋线圈纺丝法得到了进一步的改进与发展。

2012年，麻省理工学院Rutledge等[123]将金属丝线缠绕在金属棒上，构成金属线圈来进行纺丝并详细分析了其纺丝过程［图1-2-11（a）］，包括四个阶段：①液体捕获阶段；②液滴形成阶段；③液滴形变阶段；④纤维形成阶段。并得出了两个结论，一是产量与线圈捕获的纺丝液重量

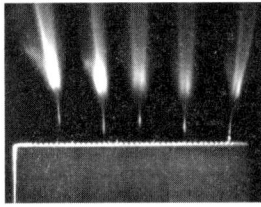

(a) "裂缝纺" 多射
流光学图[113]

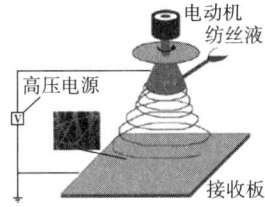

(b) "旋转圆锥体" 示意图[114]

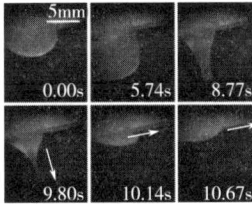

(c) "金属斜板" 法射
流光学图[115]

(d) "碗纺" 多射流光学图[116]

(e) "狭缝纺" 多射流光学图[117]

(f) "金属丝线" 多射
流光学图

(g) "滚筒法" 多射
流光学图[118]

(h) "金属盘" 多射
流光学图[120]

(i) "金属球" 多射
流光学图[121]

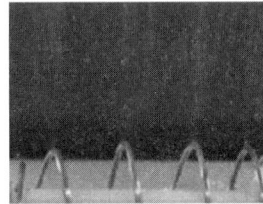

(j) "螺旋线" 多射
流光学图[122]

图 1-2-10　不同自由液体表面纺丝法

有关；二是产量与线圈转速和纺丝电压有关。

同年，Wang等[124]报道了一种"圆锥形螺旋线圈"纺丝方法〔图1-2-11（c）〕。该方法可以认为是螺旋线圈的改进方法。纺丝过程中，溶液贮存于锥形线圈中，当电场强度达到一定程度时，射流会从线圈表面产生。该方法纺丝产量是传统单针头纺丝产量的13倍。

2015年，Holopainen等[125]提出了"螺旋片"纺丝方法〔图1-2-11（b）〕。该法也可以看作是螺旋线圈的改进方法。用此方法得到的聚乙烯吡咯烷酮（PVP）和羟基磷灰石（HA）纳米纤维产量分别为5.23g/h和1.40g/h。

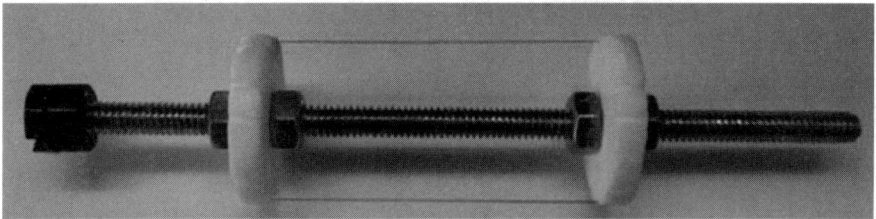

(a) 金属线圈纺丝电极光学图[123]

(b) 金属螺旋片纺丝喷头光学图[125]   (c) 锥形线圈纺丝过程中多射流光学图[124]

图 1-2-11　不同螺旋线纺丝方法

2.无针静电纺丝机理及优缺点

无针纺的关键是在无针头的情况下获得多射流，而作为最具工业化前景的"自由液体表面纺丝法"的关键就是如何在自由液体表面产生多射流。虽然纺丝方法和纺丝喷头各有不同，但它们都遵循相同的纺丝机理。

2008年，捷克利贝雷茨工业大学Lukas等[113]提出了自由液体表面纺丝的普适性理论：当自由液体表面受到电场强度作用时，液体表面会因电场强度驱动而不稳，液体表面受力不再平衡并且开始波动，当电场强度达到一个临界值时，在波峰处就会产生射流，从而进行纺丝。多个波峰便代表多个射流，达到了提高纺丝产量的目的。随后，2009年，美国伊利诺伊大学芝加哥分校Yarin[126]等研究了在电场强度作用下，导电液体在金属球表面产生射流的过程。文中指出，当施加电压时，液体表面张力不足以维持原有的平衡，液体开始变得不稳；当电压达到一个临界值时，液体表面便会产生多个大小不同的液体凸起（图1-2-12）。

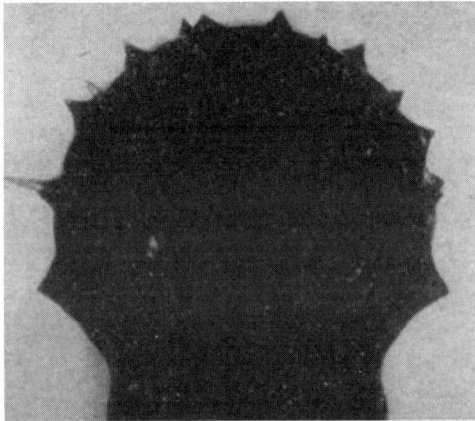

图1-2-12　黏性导电液体在金属球表面受到电压激励时的形状图[126]

因此，基于以上纺丝方法和纺丝理论的研究，自由液体表面纺丝过程可以表述为：①纺丝喷头捕获纺丝液，形成整体的或局部的纺丝液平面；②自由液体表面受到电压激励开始波动；③随着电压的增大，在波峰处形成许多类似于"泰勒锥"的凸起；④当电压达到一个临界值时，液体表面平衡被打破，便产生多射流（图1-2-13）。从纺丝过程可以看出：①液体表面所受电压大小（电场强度大小）是产生射流的关键因素；②射流产生的过程是被动的，射流的大小、高度、数目和位置是不可知的。这就造成了之前自由液体表面纺丝法的两个普遍缺点：①纺丝过程需要很高的电压才能使纺丝液波动，进而形成类似"泰勒锥"的波峰；②由电场引发的众多波峰的位置、大小和高度并非完全一致，这体现出纺丝过程的不可控性，进而使得到的纳米纤维直径分布不均匀。

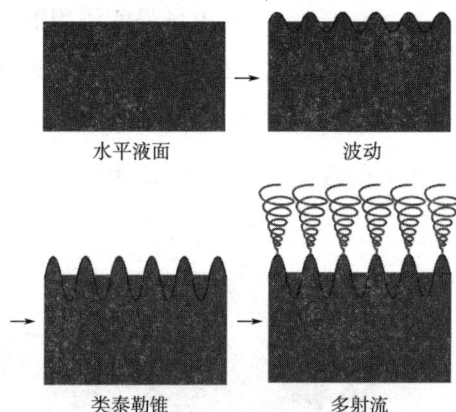

图1-2-13 自由液体表面纺丝法纺丝过程示意图

在同样的施加电压下，纺丝喷头的形状决定了电场强度大小。对于同一个导体来说，导体某处电场强度大小与该处面电荷密度呈正相关，两者之间可用如下关系式简单表达：

$$E = \frac{\sigma}{\varepsilon_0}$$

式中：E为导体某处电场强度大小（V/m）；σ为导体该处的面电荷密度；ε_0为真空介电常数。

而对于同一个导体来说，曲率越大的地方，面电荷密度越大，该处的电场强度也越大[127-128]。之前报道的纺丝方法中，纺丝喷头的曲率都很小。其中磁体辅助静电纺和裂缝静电纺的液体是平面，产生射流所需的临界电压为32kV；对于斜板静电纺和碗边沿静电纺产生射流的液体表面也可以看作是平面，斜板纺所需电压为28kV，碗纺所需电压为55kV；而滚筒静电纺、圆盘静电纺、球静电纺和螺旋线圈静电纺等的曲率是很小的，所以产生射流需要很高的电压，分别为47kV、42kV、45kV、40kV（表1-2-3）。高电压不仅带来能耗和成本的问题，也给操作人员的生命安全带来很大的隐患[129]。另一方面，自由液体表面产生射流的位置、数量和每个射流的大小都是电场强度作用下的自发过程，是不可控制的。有的地方射流数量密集，有的则稀疏，而且每个射流的大小（高度）是不同的，这就会造成所制得的纳米纤维有较大的直径不均匀性[130]。因此，在较低的电压下纺丝且能够保证纳米纤维质量（直径分布较均匀）的难题亟待解决。

表1-2-3　自由液体表面纺丝法产生射流所需临界电压总结

纺丝方法	纺丝喷头	所需电压/kV
磁体辅助静电纺[96]	—	32
裂缝静电纺[97]	两片金属盘	32
旋转圆锥体静电纺[98]	金属圆锥体	60
金属斜板静电纺[99]	金属斜板	28
碗边沿静电纺[100]	金属碗	55
滚筒边沿纺[104]	金属滚筒	47
圆盘边沿纺[104]	金属盘	42
球边沿纺[105]	金属球	45
螺旋线圈边沿纺[106]	金属螺旋线圈	40

　　基于以上综述可知，自由液体表面纺丝法具备射流数量多、产量高等优点，被认为是当前极具工业化前景的方法之一。然而，自由液体表面纺丝法射流的产生是被动的过程，需要较高的电压激发纺丝液波动进而产生射流。同时，射流是不可控的，表现在射流的位置、射流的数量、射流的大小是不可控的。每个射流分担的电场强度也不同，进而容易得到直径分布不均匀的纳米纤维。此外，纺丝液暴露在空气中，纺丝液容易挥发，使得纺丝液浓度发生变化，进一步增加了纤维直径的不均匀性

（表1-2-4）。

表 1-2-4　自由液体表面纺丝法优缺点总结

纺丝方法	优点	缺点
自由液体表面纺丝法	射流数量多 产量高	射流不可控 所需电压高 溶液易挥发 纤维直径不均匀

本章小结

本章详细介绍了静电纺丝制备纳米纤维纺丝方法及其批量制备纳米纤维的发展历程，主要内容总结如下。

（1）静电纺丝制备纳米纤维及其应用受到了广大科技工作者的广泛关注。

（2）多针头批量制备纳米纤维存在较多缺点，使得研究者转向无针头纺丝。

（3）自由液体表面纺丝法具备射流数量多、产量高等优点，被认为是当前最具工业化前景的方法之一。

（4）自由液体表面纺丝法具备射流不可控、所需电压高等缺点，限制了纳米纤维批量化生产及其相关应用。

参考文献

［1］李远勋，季甲，侯银玲，等．功能材料的制备与性能表征［M］．成都：西南交通大学出版社，2018.

［2］马祥英，廖艳娟，陆柳玉，等．基于电导法结合热力学理论研究球状纳米硫化镉热力学性质的尺寸效应和温度效应［J］．云南大学学报（自

然科学版），2021，43（1）：115-124.

［3］CHEN Y，LAI Z，ZHANG X，et al. Phase engineering of nanomaterials［J］. Nature Reviews Chemistry，2020，4（5）：243-256.

［4］WONG X Y，SENA-TORRALBA A，ALVAREZ-DIDUK R，et al. Nanomaterials for nanotheranostics：Tuning their properties according to disease needs［J］. ACS Nano，2020，14（3）：2585-2627.

［5］王永生. 小小纳米材料的大作为［J］. 中关村，2020（11）：70-72.

［6］安林红，王跃. 纳米纤维技术的开发及应用［J］. 当代石油石化，2002，10（1）：41-45.

［7］王新威，胡祖明，潘婉莲，等. 纳米纤维的制备技术［J］. 材料导报，2003，17（S1）：21-23.

［8］HULTEEN J C，CHEN H X，CHAMBLISS C K，et al. Template synthesis of carbon nanotubule and nanofiber arrays［J］. Nanostructured Materials，1997，9（1）：133-136.

［9］O'LEARY L E，FALLAS J A，BAKOTA E L，et al. Multi-hierarchical self-assembly of a collagen mimetic peptide from triple helix to nanofibre and hydrogel［J］. Nature Chemistry，2011，3（10）：821-828.

［10］赵婷婷，张玉梅，崔峥嵘，等. 纳米纤维的技术进展［J］. 产业用纺织品，2003，21（10）：13-17.

［11］ANTON F. Process and apparatus for preparing artificial threads：US，1975504［P］. 1934-10-2.

［12］吴佳林. 静电纺丝制备取向纳米纤维的研究进展［J］. 山东纺织科技，2010（4）：48-50.

［13］BALOGH A，CSELKÓ R，DÉMUTH B，et al. Alternating current electrospinning for preparation of fibrous drug delivery systems［J］. International Journal of Pharmaceutics，2015，495（1）：75-80.

［14］LIU Z，JU K，WANG Z，et al. Electrospun jets number and nanofiber morphology effected by voltage value：numerical simulation and experimental verification [J]. Nanoscale Research Letters，2019，14（1）：1-9.

[15] KUCHI C，HARISH G S，REDDY P S. Effect of polymer concentration，needle diameter and annealing temperature on TiO$_2$-PVP composite nanofibers synthesized by electrospinning technique [J]. Ceramics International，2018，44（5）：5266-5272.

[16] 史铁钧，翟林峰，周玉波. 尼龙66电纺纳米纤维膜的纤维分散形态和结晶性能 [J]. 高分子材料科学与工程，2007，23（2）：149-152.

[17] 徐家福，康卫民，郭秉臣. 静电纺聚氨酯纳米纤维非织造布的制备 [J]. 产业用纺织品，2009，27（5）：18-23.

[18] FOSTER L J，CHAN R T，RUSSELL R A，et al. Using humidity to control the morphology and properties of electrospun BioPEGylated Polyhydroxybutyrate Scaffolds [J]. ACS omega，2020，5（41）：26476-26485.

[19] ZHOU Y，TAN G Z. Core-sheath wet electrospinning of nanoporous polycaprolactone microtubes to mimic fenestrated capillaries [J]. Macromolecular Materials and Engineering，2020，305（7）：2000180.

[20] GOPAL R，KAUR S，MA Z，et al. Electrospun nanofibrous filtration membrane [J]. Journal of Membrane Science，2006，281（1）：581-586.

[21] DOTTI F，VARESANO A，MONTARSOLO A，et al. Electrospun porous mats for high efficiency filtration [J]. Journal of Industrial Textiles，2007，37（2）：151-162.

[22] HASAN A，MEMIC A，ANNABI N，et al. Electrospun scaffolds for tissue engineering of vascular grafts [J]. Acta Biomaterialia，2014，10（1）：11-25.

[23] YOSHIMOTO H，SHIN Y M，TERAI H，et al. A biodegradable nanofiber scaffold by electrospinning and its potential for bone tissue

engineering [J]. Biomaterials, 2003, 24 (12): 2077-2082.

[24] WANG X, DING, B, LI B. Biomimetic electrospun nanofibrous structures for tissue engineering [J]. Materials Today, 2013, 16 (6): 229-241.

[25] KARAGEORGIOU V, KAPLAN D. Porosity of 3D biomaterial scaffolds and osteogenesis [J]. Biomaterials, 2005, 26 (27): 5474-5491.

[26] VENUGOPAL J R, ZHANG Y, Ramakrishna S. In vitro culture ofhuman dermal fibroblasts on electrospun polycaprolactone collagen nanofibrous membrane [J]. Artificial Organs, 2006, 30 (6): 440-446.

[27] AHMED F E, LALIA B S, HILAL N, et al. Underwater superoleophobic cellulose/electrospun PVDF - HFP membranes for efficient oil/water separation [J]. Desalination, 2014, 344: 48-54.

[28] DU M, ZHAO Y, TIAN Y, et al. Electrospun multiscale structured membrane for efficient water collection and directional transport [J]. Small, 2016, 12 (8): 1000-1005.

[29] GAO X, SONG J, ZHANG Y, et al. Bioinspired design of polycaprolactone composite nanofibers as artificial bone extracellular matrix for bone regeneration application [J]. ACS Applied Materials & Interfaces, 2016, 8 (41): 27594-27610.

[30] CHOMACHAYI M D, SOLOUK A, MIRZADEH H. Mathematical modeling of electrospinning process of silk fibroin/gelatin nanofibrous mat : Comparison of the accuracy of GMDH and RSM models [J]. Journal of Industrial Textiles, 2021, 50 (7): 1020-1039.

[31] LIU Y, WANG D, SUN Z, et al. Preparation and characterization of gelatin/chitosan/3-phenylacetic acid food-packaging nanofiber antibacterial films by electrospinning [J]. International Journal of Biological Macromolecules, 2021, 169: 161-170.

[32] SHU D, XI P, CHENG B, et al. One-step electrospinning cellulose

nanofibers with superhydrophilicity and superoleophobicity underwater for high-efficiency oil-water separation [J]. International Journal of Biological Macromolecules, 2020, 162: 1536-1545.

[33] WU D, YE C, LIU Y, et al. Light, strong, and ductile architectures achieved by silk fiber "welding" processing [J]. ACS omega, 2020, 5 (21): 11955-11961.

[34] NIU Y, STADLER F J, FU M. Biomimetic electrospun tubular PLLA/gelatin nanofiber scaffold promoting regeneration of sciatic nerve transection in SD rat [J]. Materials Science and Engineering: C, 2021, 121: 111858.

[35] HAI L V, ZHAI L, KIM H C, et al. Chitosan nanofiber and cellulose nanofiber blended composite applicable for active food packaging [J]. Nanomaterials, 2020, 10 (9): 1752.

[36] BI H, FENG T, LI B, et al. InVitro and invivo comparison study of electrospun PLA and PLA/PVA/SA fiber membranes for wound healing [J]. Polymers, 2020, 12 (4): 839.

[37] VALENTE T A M, SILVA D M, GOMES P S, et al. Effect of sterilization methods on electrospun poly (lactic acid) (PLA) fiber alignment for biomedical applications [J]. ACS Applied Materials & Interfaces, 2016, 8 (5): 3241-3249.

[38] BULBUL Y E, OKUR M, DEMIRTAS-KORKMAZ F, et al. Development of PCL/PEO electrospun fibrous membranes blended with silane-modified halloysite nanotube as a curcumin release system [J]. Applied Clay Science, 2020, 186: 105430.

[39] BAYRAKCI M, KESKINATES M, YILMAZ B. Antibacterial, thermal decomposition and in vitro time release studies of chloramphenicol from novel PLA and PVA nanofiber mats [J]. Materials Science and Engineering: C, 2021, 122: 111895.

［40］KARAKUCUK A，TORT S. Preparation，characterization and antimicrobial activity evaluation of electrospun PCL nanofiber composites of resveratrol nanocrystals［J］. Pharmaceutical Development and Technology，2020，25（10）：1216-1225.

［41］HU X，LIU S，ZHOU G，et al. Electrospinning of polymeric nanofibers for drug delivery applications［J］. Journal of Controlled Release，2014，185：12-21.

［42］KABU S，GAO Y，KWON B K，et al. Drug delivery，cell-based therapies，and tissue engineering approaches for spinal cord injury［J］. Journal of Controlled Release，2015，219：141-154.

［43］JIANG J，XIE J，MA B，et al. Mussel-inspired protein-mediated surface functionalization of electrospun nanofibers for pH-responsive drug delivery［J］. Acta Biomaterialia，2014，10（3）：1324-1332.

［44］SAMADZADEH S，BABAZADEH M，ZARGHAMI N，et al. An implantable smart hyperthermia nanofiber with switchable，controlled and sustained drug release：possible application in prevention of cancer local recurrence［J］. Materials Science and Engineering：C，2021，118：111384.

［45］YANG S，LI X，LIU P，et al. Multifunctional chitosan/polycaprolactone nanofiber scaffolds with varied dual-drug release for wound-healing applications［J］. ACS Biomaterials Science & Engineering，2020，6（8）：4666-4676.

［46］JIANG S，SCHMALZ H，AGARWAL S，et al. Electrospinning of ABS nanofibers and their high filtration performance［J］. Advanced Fiber Materials，2020，2（1）：34-43.

［47］GUO Y，HE W，LIU J. Electrospinning polyethylene terephthalate/SiO_2 nanofiber composite needle felt for enhanced filtration performance［J］. Journal of Applied Polymer Science，2020，137（2）：48282.

［48］ZHANG L, LI L, WANG L, et al. Multilayer electrospun nanofibrousme mbranes with antibacterial property for air filtration［J］. Applied Surface Science, 2020, 515: 145962.

［49］XU J, LIU C, HSU P C, et al. Roll-to-Roll transfer of electrospun nanofiber film for high-efficiency transparent air filter［J］. Nano Letters, 2016, 16（2）: 1270-1275.

［50］LEE H, JEON S. Polyacrylonitrile nanofiber membranes modified with Ni-based conductive metal organic frameworks for air filtration and respiration monitoring［J］. ACS Applied Nano Materials, 2020, 3（8）: 8192-8198.

［51］JI S M, TIWARI A P, OH H J, ET al. ZnO/Ag nanoparticles incorporated multifunctional parallel side by side nanofibers for air filtration with enhanced removing organic contaminants and antibacterial properties［J］. Colloids and Surfaces A : Physicochemical and Engineering Aspects, 2021, 621: 126564.

［52］ZHANG L, LI L, WANG L, Et al. Multilayer electrospun nanofibrous membranes with antibacterial property for air filtration［J］. Applied Surface Science, 2020, 515: 145962.

［53］GIBSON P, SCHREUDER-GIBSON H, RIVIN D. Transport properties of porous membranes based on electrospun nanofibers［J］. Colloids and Surfaces A : Physicochemical and Engineering Aspects, 2001, 187: 469-481.

［54］BUI N N, LIND M L, HOEK E M, et al. Electrospun nanofiber supported thin film composite membranes for engineered osmosis［J］. Journal of Membrane Science, 2011, 385: 10-19.

［55］KANJWAL M A, ALM M, THOMSEN P, et al. Hybrid matrices of TiO$_2$ and TiO$_2$-Ag nanofibers with silicone for high water flux photocatalytic degradation of dairy effluent［J］. Journal of Industrial and Engineering Chemistry,

2016, 33: 142-149.

[56] SI Y, FU Q, WANG X, et al. Superelastic and superhydrophobic nanofiber-assembled cellular aerogels for effective separation of oil/water emulsions [J]. ACS Nano, 2015, 9 (4): 3791-3799.

[57] YARIFEEN W U, KIM M, TING D, et al. Hybrid thermal resistant electrospun polymer membrane as the separator of lithium ion batteries[J]. Materials Chemistry and Physics, 2020, 245: 122780.

[58] WANG L, WANG Z, SUN Y, et al. Sb_2O_3 modified PVDF-CTFE electrospun fibrous membrane as a safe lithium-ion battery separator [J]. Journal of Membrane Science, 2019, 572: 512-519.

[59] SUN X, LI M, REN S, ET al. Zeolitic imidazolate framework-cellulose nanofiber hybrid membrane as Li-Ion battery separator : basic membrane property and battery performance [J]. Journal of Power Sources, 2020, 454: 227878.

[60] LIU X, ZHANG B, WU Y, et al. The effects of polybenzimidazole nanofiber separator on the safety and performance of lithium-ion batteries : Characterization and analysis from the perspective of mechanism [J]. Journal of Power Sources, 2020, 475: 228624.

[61] WIDIYANDARI H, PUTRA O A, PURWANTO A, et al. Synthesis of $PVDF/SiO_2$ nanofiber membrane using electrospinning method as a Li-ion battery separator [J]. Materials Today : Proceedings, 2021, 44: 3245-3248.

[62] ANAND S, AHMAD M W, AL SAIDI A K A, et al. Polyaniline nanofiber decorated carbon nanofiber hybrid mat for flexible electrochemical supercapacitor [J]. Materials Chemistry and Physics, 2020, 254: 123480.

[63] YANG Y, LIU Y X, LI Y, ET al. Design of compressible and elastic N-doped porous carbon nanofiber aerogels as binder-free supercapacitor

electrodes〔J〕. Journal of Materials Chemistry A, 2020, 8（33）:
17257–17265.

［64］JEONG J H, KIM Y A, KIM B H. Electrospun polyacrylonitrile/
cyclodextrin–derived hierarchical porous carbon nanofiber/MnO_2
composites for supercapacitor applications〔J〕. Carbon, 2020, 164:
296–304.

［65］YIN Q, JIA H, MOHAMED A, Et al. Highly flexible and mechanically
strong polyaniline nanostructure@ aramid nanofiber films for free–standing
supercapacitor electrodes〔J〕. Nanoscale, 2020, 12（9）: 5507–5520.

［66］XU W, LIU L, WENG W. High–performance supercapacitor based on
MnO/carbon nanofiber composite in extended potential windows〔J〕.
Electrochimica Acta, 2021, 370: 137713.

［67］AN G H, KOO B R, AHN H J. Activated mesoporous carbon nanofibers
fabricated using water etching–assisted templating for high–performance
electrochemical capacitors〔J〕. Physical Chemistry Chemical Physics,
2016, 18（9）: 6587–6594.

［68］CHO H J, KIM Y H, PARK S, et al. Design ofhollow nanofibrous
structures using electrospinning : an aspect of chemical sensor
applications〔J〕. ChemNanoMat, 2020, 6（7）: 1014–1027.

［69］LU L, YANG B, ZHAI Y, et al. Electrospinning core–sheath
piezoelectric microfibers for self–powered stitchable sensor〔J〕. Nano
Energy, 2020, 76: 104966.

［70］PAN C T, CHANG C C, YANG Y S, et al. Development of MMG sensors
using PVDF piezoelectric electrospinning for lower limb rehabilitation
exoskeleton〔J〕. Sensors and Actuators A : Physical, 2020, 301:
111708.

［71］YILMAZ O E, ERDEM R. Evaluating hydrogen detection performance
of an electrospun $CuZnFe_2O_4$ nanofiber sensor. International Journal of

Hydrogen Energy，2020，45（50）：26402–26412.

［72］ZHANG M，HAN C，CAO W Q，et al. A nano–micro engineering nanofiber for electromagnetic absorber，green shielding and sensor. Nano–Micro Letters，2021 13（1），1–12.

［73］邓理，张建奇，孙浩，等 . 基于静电纺丝纳米纤维膜的光纤温湿度传感器［J］. 激光与光电子学进展，2021：1–12. http：//kns.cnki.net/kcms/detail/31.1690.tn.20210104.1028.008.html.

［74］孙倩，阚燕，李晓强，等 . 聚丙烯腈 / 氯化钴纳米纤维比色湿度传感器的制备及其性能［J］. 纺织学报，2020，41（11）：27–33.

［75］ANTON F. Artifical thread and method of producing same：US，2187306［P］.1940.

［76］ANTON F. Method and apparatus for spinning：US，2349950［P］.1944.

［77］DOSHI J，RENEKER D H. Electrospinning process and applications of electrospun fibers［J］. Journal of Electrostatics，1995，35（2–3）：151–160.

［78］SRINIVASAN G，RENEKER D H. Structure and morphology of small diameter electrospun aramid fibers［J］. Polymer International，1995，36（2）：195–201.

［79］FONG H，CHUN I，RENEKER D H. Beaded nanofibers formed during electrospinning［J］. Polymer，1999，40（16）：4585–4592.

［80］YOSHIMOTO H，SHIN Y M，TERAI H，et al. A biodegradable nanofiber scaffold by electrospinning and its potential for bone tissue engineering［J］. Biomaterials，2003，24（12）：2077–2082.

［81］KIM S H，NAM Y S，LEE T S，et al. Silk fibroin nanofiber：Electrospinning，properties，and structure［J］. Polymer Journal，2003，35（2）：185–190.

［82］KOSMIDER K，SCOTT J. Polymeric nanofibres exhibit an enhanced air filtration performance［J］. Filtration & Separation，2002，39（6）：

20-22.

[83] SURESH S, BECKER A, GLASMACHER B. Impact of apparatus orientation and gravity in electrospinning : A review of empirical evidence [J]. Polymers, 2020, 12 (11): 2448.

[84] GORJI M, JEDDI A, GHAREHAGHAJI A A. Fabrication and characterization of polyurethane electrospun nanofiber membranes for protective clothing applications [J]. Journal of Applied Polymer Science, 2012, 125 (5): 4135-4141.

[85] JIANG T, CARBONE E J, LO K W H, et al. Electrospinning of polymer nanofibers for tissue regeneration [J]. Progress in Polymer Science, 2015, 46: 1-24.

[86] KAUR S, SUNDARRAJAN S, RANA D, et al. Review : The characterization of electrospun nanofibrous liquid filtration membranes [J]. Journal of Materials Science, 2014, 49 (18): 6143-6159.

[87] AHMED F E, LALIA B S, HASHAIKEH R. A review on electrospinning for membrane fabrication : Challenges and applications [J]. Desalination, 2015, 356: 15-30.

[88] TAYLOR G I. Disintegration of water drops in an electric field [J]. Proceedings of the Royal Society of London, 1964, 280 (1382): 383-397.

[89] SUVOROV V G, ZUBAREV N M. Formation of the Taylor cone on the surface of liquid metal in the presence of an electric field [J]. Journal of Physics D : Applied Physics, 2003, 37 (2): 289.

[90] MAHESHWARI S, CHANG H C. Anomalous conical menisci under an ac field-departure from the dc Taylor cone [J]. Applied Physics Letters, 2006, 89 (23): 234103.

[91] RENEKER D H, YARIN A L, FONG H, et al. Bending instability of electrically charged liquid jets of polymer solutions in electrospinning[J].

Journal of Applied Physics, 2000, 87 (9): 4531–4547.

[92] YARIN A L, KOOMBHONGSE S, RENEKER D H. Bending instability in electrospinning of nanofibers [J] . Journal of Applied Physics, 2001, 89 (5): 3018–3026.

[93] ZHOU Y, FREITAG M, HONE J, et al. Fabrication and electrical characterization of polyaniline–based nanofibers with diameter below 30nm [J] . Applied Physics Letters, 2003, 83 (18): 3800–3802.

[94] MATTHEWS J A, WNEK G E, SIMPSON D G, et al. Electrospinning of collagen nanofibers [J] . Biomacromolecules, 2002, 3 (2): 232–238.

[95] LEE C H, SHIN H J, CHO I H, et al. Nanofiber alignment and direction of mechanical strain affect the ECM production of human ACL fibroblast [J] . Biomaterials, 2005, 26 (11): 1261–1270.

[96] KATTA P, ALESSANDRO M, RAMSIER R D, et al. Continuous electrospinning of aligned polymer nanofibers onto a wire drum collector [J] . Nano Letters, 2004, 4 (11): 2215–2218.

[97] LI D, WANG Y, XIA Y. Electrospinning of polymeric and ceramic nanofibers as uniaxially aligned arrays [J] . Nano Letters, 2003, 3 (8): 1167–1171.

[98] DAI H, GONG J, KIM H, et al. A novel method for preparing ultra-fine alumina–borate oxide fibres via an electrospinning technique [J] . Nanotechnology, 2002, 13 (5): 674.

[99] LEI Y, WANG Q, PENG S, et al. Electrospun inorganic nanofibers for oxygen electrocatalysis : Design, fabrication, and progress [J] . Advanced Energy Materials, 2020, 10 (45): 1902115.

[100] WANG Y, HUANG H, ZHAO Y, et al. Self–assembly of ultralight and compressible inorganic sponges with hierarchical porosity by electrospinning [J] . Ceramics International, 2020, 46 (1): 768–

774.

[101] SUN Z, ZUSSMAN E, YARIN A L, et al. Compound core-shell polymer nanofibers by co-electrospinning [J]. Advanced Materials, 2003, 15 (22): 1929-1932.

[102] HWANG T H, LEE Y M, KONG B S, et al. Electrospun core-hell fibers for robust silicon nanoparticle-based lithium ion battery anodes [J]. Nano Letters, 2012, 12 (2): 802-807.

[103] RAFIEI M, JOOYBAR E, ABDEKHODAIE M J, et al. Construction of 3D fibrous PCL scaffolds by coaxial electrospinning for protein delivery [J]. Materials Science and Engineering : C, 2020, 113: 110913.

[104] THERON S A, YARIN A L, ZUSSMAN E, et al. Multiple jets in electrospinning: Experiment and modeling[J]. Polymer, 2005, 46(9): 2889-2899.

[105] TRAN S B Q, BYUN D, NGUYEN V D, et al. Polymer-based electrospray device with multiple nozzles tominimize end effect phenomenon [J]. Journal of Electrostatics, 2010, 68 (2): 138-144.

[106] LIU Y, GUO L. Homogeneous field intensity control during multi-needle electrospinning via finite element analysis and simulation [J]. Journal of Nanoscience and Nanotechnology, 2013, 13 (2): 843-847.

[107] XIE S, ZENG Y. Effects of electric field onmultineedle electrospinning : experiment and simulation study [J]. Industrial & Engineering Chemistry Research, 2012, 51 (14): 5336-5345.

[108] YANG Y, JIA Z, LI Q, et al. Electrospun uniform fibres with a specialr egular hexagon distributed multi-needles system [C] //Journal of Physics : Conference Series. IOP Publishing, 2008, 142 (1): 012027.

[109] KIM G, CHO Y S, KIM W D. Stability analysis formulti-jets

electrospinning process modified with a cylindrical electrode [J]. European Polymer Journal, 2006, 42（9）: 2031-2038.

[110] DOSUNMU O O, CHASE G G, KATAPHINAN W, et al. Electrospinning of polymer nanofibres from multiple jets on a porous tubular surface [J]. Nanotechnology, 2006, 17（4）: 1123.

[111] ZHOU F L, GONG R H, PORAT I. Polymeric nanofibers via flat spinneret electrospinning [J]. Polymer Engineering & Science, 2009, 49（12）: 2475-2481.

[112] YARIN A L, ZUSSMAN E. Upward needleless electrospinning of multiple nanofibers [J]. Polymer, 2004, 45（9）: 2977-2980.

[113] LUKAS D, SARKAR A, POKORNY P. Self-organization of jets in electrospinning from free liquid surface : a generalized approach [J]. Journal of Applied Physics, 2008, 103（8）: 084309.

[114] LU B, WANG Y, LIU Y, et al. Supe rhigh-throughput needleless electrospinning using a rotary cone as spinneret [J]. Small, 2010, 6（15）: 1612-1616.

[115] THOPPEY N M, BOCHINSKI J R, CLARKE L I, et al. Unconfined fluid electrospun into high quality nanofibers from a plate edge [J]. Polymer, 2010, 51（21）: 4928-4936.

[116] THOPPEY N M, BOCHINSKI J R, CLARKE L I, et al. Edge electrospinning for high throughput production of quality nanofibers [J]. Nanotechnology, 2011, 22（34）: 345301.

[117] JIANG G, QIN X. An improved free surface electrospinning for high throughput manufacturing of core-shell nanofibers [J]. Materials Letters, 2014, 128: 259-262.

[118] BONTAITES G, LEE G. Multi-drum manufacturing system for nonwoven materials : US, 884587 [P]. 2002-1-31.

[119] HUANG X, WU D, ZHU Y, et al. Needleless electrospinning of

multiple nanofibers [C] //2007 7th IEEE Conference on Nanotechnology (IEEE NANO). IEEE, 2007: 823–826.

[120] NIU H, LIN T, WANG X. Needleless electrospinning. I. A comparison of cylinder and disk nozzles [J]. Journal of Applied Polymer Science, 2009, 114 (6): 3524–3530.

[121] KOSTAKOVA E, MESZAROS L, GREGR J. Composite nanofibers produced by modified needleless electrospinning [J]. Materials Letters, 2009, 63 (28): 2419–2422.

[122] WANG X, NIU H, WANG X, et al. Needleless electrospinning of uniform nanofibers using spiral coil spinnerets [J]. Journal of Nanomaterials, 2012, 3: 1–10.

[123] FORWARD K M, RUTLEDGE G C. Free surface electrospinning from a wire electrode [J]. Chemical Engineering Journal, 2012, 183: 492–503.

[124] WANG X, XU W. Effect of experimental parameters on needleless electrospinning from a conical wire coil [J]. Journal of Applied Polymer Science, 2012, 123 (6): 3703–3709.

[125] HOLOPAINEN J, PENTTINEN T, SANTALA E, et al. Needleless electrospinning with twisted wire spinneret [J]. Nanotechnology, 2014, 26 (2): 025301.

[126] MILOH T, SPIVAK B, YARIN A L. Needleless electrospinning : Electrically driven instability and multiple jetting from the free surface of a spherical liquid layer [J]. Journal of Applied Physics, 2009, 106 (11): 114910.

[127] 刘敏敏, 俎凤霞, 吴涛. 带电球面和带电球体电场强度和电势分布求解探讨 [J]. 物理通报 2016 (6): 8–10.

[128] 程克俊. 导体球壳上感应电荷及空间电场的分布 (1) [J]. 物理与工程, 2002, 12 (6): 9–11.

［129］SHIN D，CHOI S，KIM J，et al. Direct-printing of functional nanofibers on 3D surfaces using self-Aligning nanojet in near-field electrospinning［J］. Advanced Materials Technologies，2020，5（6）：2000232.

［130］XIONG J，LIU Y，LI A，et al. Mass production of high-quality nanofibers via constructing pre-Taylor cones with high curvature on needleless electrospinning［J］. Materials & Design，2021，197：109247.

第二章 可控多射流针盘静电纺丝技术

自由液体表面纺丝法作为制备纳米纤维极具工业化前景的纺丝方法受到人们的广泛关注，纺丝装置也不断改进与创新。然而，自由液体表面纺丝法具有射流数量、位置、大小不可控的缺点，得到的纳米纤维直径大小通常分布不匀。此外，自由液体表面纺丝法因为纺丝液表面曲率较小，使得纺丝电压较大，从而能耗大，且潜在危险大。针对上述问题，本研究提出了可控多射流静电纺丝方法。

可控多射流静电纺丝是在分析传统管式单针头纺丝、气泡纺丝优缺点以及在大自然尖端放电现象启发下提出的。本章将分析可控多射流针盘静电纺过程和针盘静电纺金属针振动场下材料变形和流动规律对纳米纤维直径的影响。

第一节 可控多射流针盘静电纺的提出

早在1882年，Rayleigh就对细长液体射流在电场中的运动行为有所研究[1]。随后，Zeleny研究了液体射流在强电场中的运动[2]。在理论和实验方面，Taylor进行了许多的研究和做出了比较大的贡献。他通过试验方法和理论证明了液体凸出时的形状为锥形，并计算出凸起大小为49.3°。然而，在他的计算中液体为非黏性液体。对于黏性液体来说，当射流脱离针尖后，射流表现出弯曲不稳定性特点，在空气中拉伸细化成纳米纤维。

这些工作由Yarin和他的合作者提出和并得到发展[3-4]。可以看出，对于静电纺丝过程的研究集中在泰勒锥的形成和发展、空气中射流的运动两个方面。

然而，实际上针头中的液体和泰勒锥内部的液体仍然进行着动态的、复杂的变化和运动。如图2-1-1（a）所示，电流体力学知识可知，针头内部由于针头壁面的作用，液体的速度为中间快两边慢，在壁面附近液体的流速为零（图中箭头方向和长度代表液体流动方向和速度大小）。当液体流出针头后，由于受到了电场强度的作用，液体中的电荷重新分布。正电荷分布在锥体的表面，且在锥体的顶端处电荷分布最多，此处受到的电场强度也最大。在针尖边缘处（图中a点）的液体流速最小，沿着锥形面到锥体顶端（图中b点）液体流速越来越大。液体表面速度的不同会在锥体内部形成涡流。

假设两个涡流对称，而这些内部的涡流对纺丝来说是一种扰动，是一种能量损失，不可避免地会影响纺丝过程的稳定性和顺利进行。对于气泡纺来说，与传统单针头纺丝相比，气泡可以理解为空气占据了原有泰勒锥内部液体的位置，如图2-1-1（b）所示。相比较来说，消除了泰勒锥内部液体涡流的扰动。然而，由于气泡本身的不可控性以及气泡破裂过程的不可控性，纺丝过程往往是不稳定的[5-9]。相较于传统单针头静电纺丝和气泡纺来说，图2-1-1（c）中的金属电极占据了原有液体和空气的位置。由于重力的作用，纺丝液均匀地覆盖在金属针尖的表面。薄薄的一层液体覆盖的针尖就好像泰勒锥一样，但没有传统单针头纺丝时泰勒锥内部液体涡流的干扰。而且，由于针尖的形状、金属表面与纺丝液紧密贴合，在纺丝液表面产生很强的电场，有利于纺丝的顺利进行，且使得在较低电压下纺丝成为可能。

在雷雨天气，雷电往往会击中高大的建筑物［图2-1-2（a）］，这就是大自然中一种尖端放电现象。尖端放电是指在强电场作用下，物体尖锐部分发生放电的一种现象。为了避免雷击的危害，高大建筑物顶端安装的避雷针就是应用了尖端放电原理。当带电云层靠近建筑物时，建筑物上会

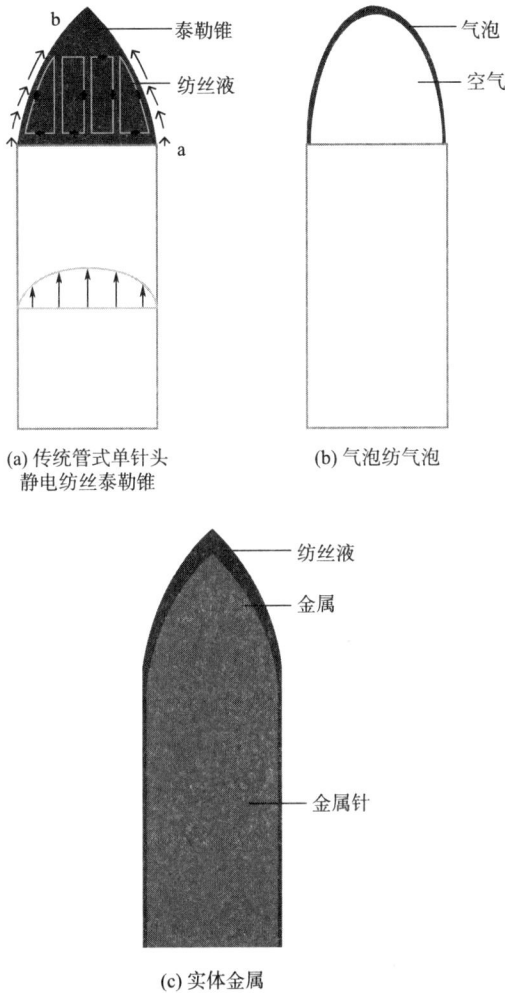

(a) 传统管式单针头
静电纺丝泰勒锥

(b) 气泡纺气泡

(c) 实体金属

图 2-1-1　几种纺丝方法在纺丝过程中的纺丝液的情况对比示意图

感应上与云层电荷相反的电荷，这些电荷会聚集至避雷针的尖端，达到一定的值后便开始放电，这样不停地将建筑物上的电荷中和掉，从而永远达不到会使建筑物遭到损坏的强烈放电所需要的电荷。图2-1-2（b）是两个距离很近的金属丝，可以看到在金属丝的尖端发生放电现象。

"尖端放电"现象不管是在基础研究中还是在实际应用中[10-12]都引起了人们极大的研究兴趣。例如，高压放电等离子体用于水中染料的降解[13]；

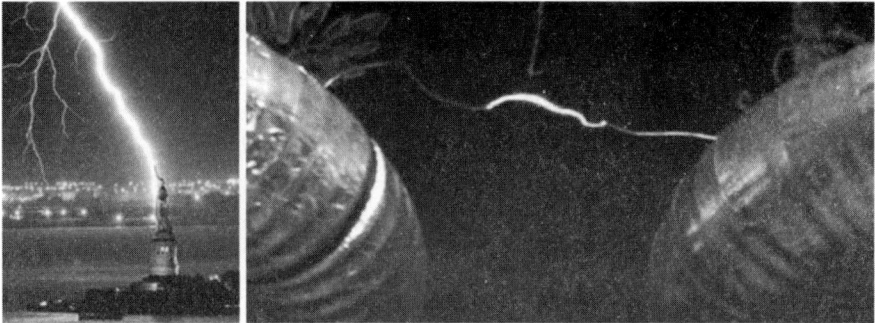

(a) 雷雨天气时尖端放电现象　　　　　　　(b) 金属丝尖端处放电现象

图 2-1-2　大自然尖端放电现象

生活中的静电喷涂、静电除尘等。

　　在这些应用中，放电现象发生在导体或者电极的尖锐部分。因为在导体或者电极的尖锐部分积聚了大量的电荷，产生了很强的电场强度。而无针纺中的自由液体表面纺丝法产生射流的关键就是电场强度的强弱。在尖端放电的启发下，本研究旨在设计尖锐的喷丝头，来达到增强电场的目的，从而实现在较低的电压下纺丝的目的。

　　综合以上两点，考虑到金属圆盘静电纺的诸多优点，在金属圆盘上增加针头，这样就达到了使原先光滑的纺丝喷头附加的针头处变得非常尖锐（图2-1-3）。针尖处的面电荷密度变得很大，从而针尖处的电场强度也会很大，使得在低电压下纺丝成为可能。然后，再从一个针头发展到多个针头，从而使得纺丝液射流数量增多，达到了提高产量的目的，这就是可控多射流针盘静电纺。

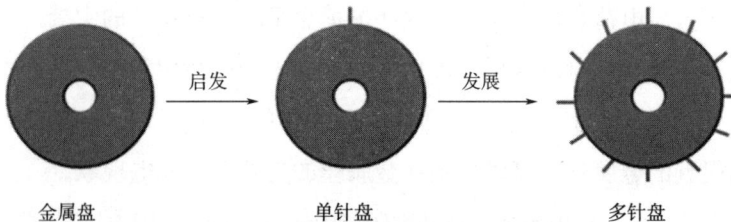

金属盘　　　　　　　　　单针盘　　　　　　　　　多针盘

图 2-1-3　针盘静电纺提出过程示意图

　　已报道的自由液面纺丝时需要很高的纺丝电压，且很多时候得到的纳米纤维直径分布不均匀。这是因为，静止的纺丝液面曲率半径相当于无穷大，曲率为0，同样的电压下，液面处的电场强度很小，要想使平静的纺丝液面波动起来，就需要很高的电压［图2-1-4（a）］，即需要很高的电场强度才能克服溶液的表面张力、内应力等作用力。当电压增加到一定值时，纺丝液面开始波动。由于受到电场力、重力和表面张力等一系列外力，液面的波动不稳定，波的位置和大小杂乱无章。继续增大电压，当电场强度达到一个临界值时，电场力克服溶液的表面张力才会在波峰处形成射流。这些波峰相当于传统单针头纺丝时的泰勒锥。总结自由液体表面纺丝法纺丝过程可知[14]：①要形成波峰（泰勒锥），就需要很高的电压，这是一个被动纺丝的过程；②波峰形成的位置、波峰的数量和大小都是不可知的、不可控的。这造成了纺丝过程的不稳定。而且，由于波峰的大小不一，这会使波峰处受到的电场强度大小不一，从而使得到的纳米纤维直径分布不均匀。

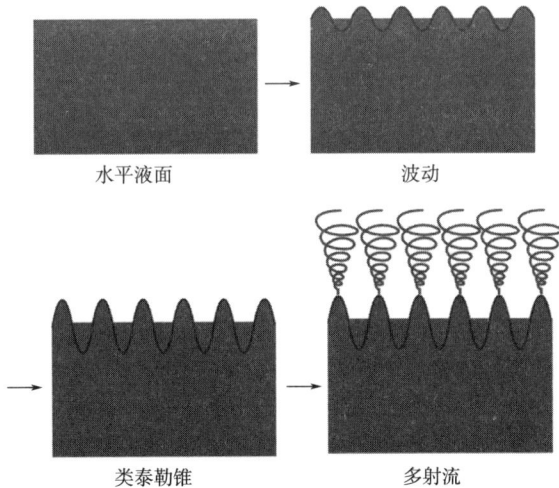

水平液面　　　　　波动

类泰勒锥　　　　　多射流

(a) 自由液面静电纺丝法

图 2-1-4

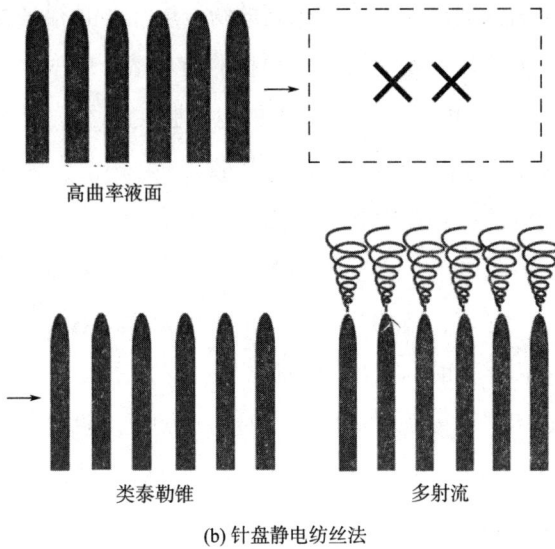

(b) 针盘静电纺丝法

图 2-1-4　自由液面和针盘静电纺丝法原理比较示意图

　　对于针盘静电纺来说，覆盖了薄薄一层纺丝液的针尖就好像泰勒锥一样［图2-1-4（b）］，这是一个主动的产生射流的过程。相比较自由液体表面纺丝法，少了纺丝液从平面到形成众多波峰的过程［图2-1-4（b）］，从而大幅减小了纺丝过程中的临界电压值，使得在较低电压下纺丝成为可能。

第二节　可控多射流针盘静电纺基本原理

一、针盘静电纺过程分析

　　基于实际的纺丝过程和实验结果，在针盘静电纺过程中有以下四个纺丝阶段。

　　（1）当针盘的下半部分浸没到溶液中后，随着针盘的旋转，纺丝液便被针尖带出。带有溶液的针尖离开液面后，由于重力的作用，纺丝液便会向金属针的底部运动。此时，纺丝液的表面张力和黏弹力阻碍纺丝液向针尖底部运动。这样的两种相反的作用力使得在针尖的表面上均匀地覆盖一层薄薄的纺丝液（图2-2-1）。

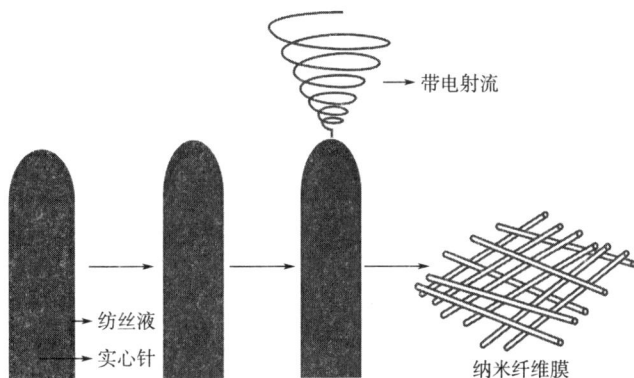

图 2-2-1 针盘静电纺过程示意图

（2）当施加电压后，针尖上的液膜由于受到电场力的作用，液膜开始变形。变形的过程中，纺丝液中的正负离子重新分布会诱导一个微弱的电场强度。这个诱导的电场强度会影响之前的电场强度。由于液膜的形变，电场强度大小不断地变化。当最后的电场强度达到一个临界值时，便会在液膜的尖端形成射流。此时的纺丝液表面张力不能再维持原来的平衡状态。

（3）带电的射流由于电场力的作用被不断地拉伸细化，最后在距离针尖几厘米处飞离针尖。在这个过程中，射流几乎是呈直线状态的。射流飞离针尖后，在直线射流的末端形成一个纺锤形[图2-2-2（a）]，此时射流的速度足够大，直径足够小，以至于不能维持原有直线飞行的状态。

（4）飞离针尖后的射流受到电场力驱动而弯曲不稳，呈螺旋状飞向接收板。在这个过程中，射流被进一步拉伸细化。当溶剂挥发后，纳米纤维便沉积在接收板上。

射流飞离针尖后，由于针盘的不断旋转，液膜不断地覆盖在针尖上，再形成新的射流。这是一个动态连续的过程。这样纺丝过程便会不断地进行。当有更多的金属针参与纺丝时，便会形成多射流［图2-2-2（b）］，从而提高纺丝产量。

(a) 纺锤形射流光学图片　　　　　(b) 多重射流光学图片

图 2-2-2　针盘静电纺射流图

二、针盘静电纺振荡模型分析

针盘静电纺过程和纳米纤维形态受许多参数[15-20]的影响：①溶液参数，如溶液浓度、溶液黏度；②纺纱参数，如电压、环境湿度；③电极参数，如针数、针粗细。

但是，除上述参数外，针在金属盘上的振动在旋转过程中也起着重要作用。该振动引起附加的惯性力，该惯性力可用作加速喷射流的外力。针尖上的任何扰动都会引起作用在纺丝液薄膜上的力的不平衡，因此，针的振动对纺丝过程的影响是不可忽视的。因此，该部分将在理论和实验上研究针振动对纺丝过程和纳米纤维形态的影响。

1.理论模型

金属盘中针的振动在旋转过程中起着重要作用。图2-2-3是针盘系统，其中针固定在旋转盘上。由于盘的旋转，针将振动。

挠度方程可表达为：

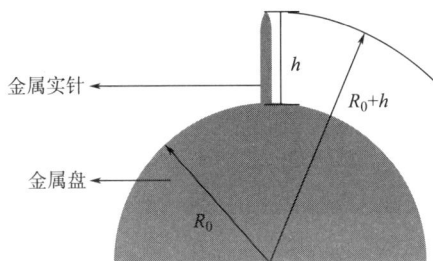

图 2-2-3　针盘系统中 R_0（盘半径）和 h（针长度）的示意图

$$\frac{\mathrm{d}^2}{\mathrm{d}x^2}(EI\frac{\mathrm{d}^2w}{\mathrm{d}x^2}) = q \qquad (2-1)$$

式中：w 为针的挠度（mm）；q 为分布荷载（N/m^2）；EI 为刚度（N/m）。

针以恒定的角频率 ω 旋转，因此 q 又可表示为：

$$q = \rho\omega^2 w \qquad (2-2)$$

式中：ρ 为针的密度（kg/m^3）。

挠度方程变为：

$$\frac{\mathrm{d}^4 w}{\mathrm{d}x^4} = \frac{\rho w^2}{EI} w \qquad (2-3)$$

振荡线性频率 Ω 为：

$$\Omega = (\frac{\rho w^2}{EI})^{\frac{1}{4}} \qquad (2-4)$$

最大挠度位于针的自由端，可以近似地写成：

$$w_{max} = k\frac{\rho w^2 h^4}{EI} \qquad (2-5)$$

式中：k 为结构参数。

针振动遵循能量守恒定律：

$$P+K = C \qquad (2-6)$$

式中：P 为势能（J）；K 为动能（J）；C 为常数。

$$P = \frac{1}{2}EI\,(\frac{\partial^2 w}{\partial x^2})^2 \qquad (2-7)$$

$$K = \frac{1}{2}\rho \left(\frac{\partial w}{\partial t}\right)^2 \qquad (2\text{-}8)$$

考虑针的自由端的能量守恒定律（图2-2-4），该自由振动的频率为 Ω。针的自由端的振动类似于弹簧的振动。其最大势能与最大挠度的平方成正比，即：

$$P_{max} \propto (w_{max})^2 \propto \omega^4 h^8 \qquad (2\text{-}9)$$

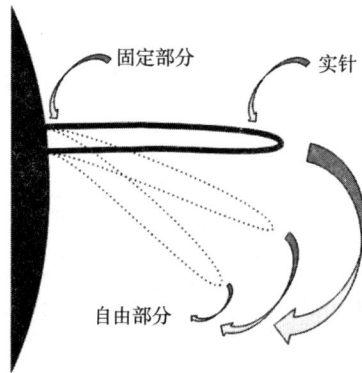

图 2-2-4　针头自由端和固定端振动的示意图

能量守恒需要满足下式：

$$K_{max} + P_{min} = K_{min} + P_{max} \qquad (2\text{-}10)$$

式中，下标"max"和"min"分别表示最大值和最小值。考虑到事实，有 $P_{min}=0$ 和 $K_{min}=0$，因此得到：

$$K_{max} = P_{max} \propto \omega^4 h^8 \qquad (2\text{-}11)$$

假设针的自由端的最大偏转速度为 u_{max}，则：

$$K_{max} \propto u_{max}^2 \qquad (2\text{-}12)$$

代入式（2-11），得到：

$$u_{max} \propto \omega^2 h^4 \qquad (2\text{-}13)$$

最大偏转速度提供了喷射液滴的初始速度，该初始速度被离心力和静电力进一步加速。在纺丝过程中，质量守恒要求：

$$\mu \pi r^2 u = Q \qquad (2\text{-}14)$$

式中：r 为射流半径（m）；μ 为射流加速度（m/s）；μ 为射流密度（kg/m³）；Q 为射流流速（m/s）。

则射流速度可表示为：

$$u = u_{max} + at \qquad (2\text{--}15)$$

式中：a 为离心力和静电力引起的加速度。

从而射流半径表达式为：

$$r = \sqrt{\dfrac{Q}{\mu \pi r^2 \left(u_{max} + at \right)}} \qquad (2\text{--}16)$$

当溶剂蒸发时，射流固化，因此纤维直径与射流半径成比例，即：

$$d = \sqrt{\dfrac{m}{\omega^2 h^4 + n}} \qquad (2\text{--}17)$$

式中：m 和 n 为可以通过实验确定的常数。

2. 实验验证

在室温下，将聚偏氟乙烯-六氟丙烯（PVDF-HFP，$M_w=400000$）溶解在 N，N-二甲基甲酰胺/丙酮的二元溶剂（质量比为5∶5）中，得到质量分数为12%的溶液。在纺丝过程中，施加的电压为25kV，接收距离为25cm，针长分别选择4mm、8mm、12mm和16mm。纺丝过程中使用的环境相对湿度和温度分别为50%±2%和25℃±2℃，并保持恒定。

使用扫描电子显微镜（SEM，Hitachi S-4800，东京，日本）观测 PVDF-HFP 纳米纤维的形貌。PVDF-HFP 纤维的直径是通过使用 ImageJ 程序随机测量至少100根纤维计算得到的。

基于式（2-17）可知，纤维直径随针长的增加而减小。为了验证此理论，实验中分别选择4mm、8mm、12mm和16mm的针长，所得的纳米纤维形态如图2-2-5所示。根据具体针的直径和纳米纤维直径，纳米纤维直径和针长之间的关系可表示为：

$$d = \sqrt{\dfrac{4.22 \times 10^8}{h^4 + 2816}} \qquad (2\text{--}18)$$

式中：d 为纳米纤维直径（nm）；h 为针长（mm）。

比较理论预测公式（2-18）和实验得到的具体数据（图2-2-6）可知，理论预测公式与实际数据两者间有较好的吻合度。

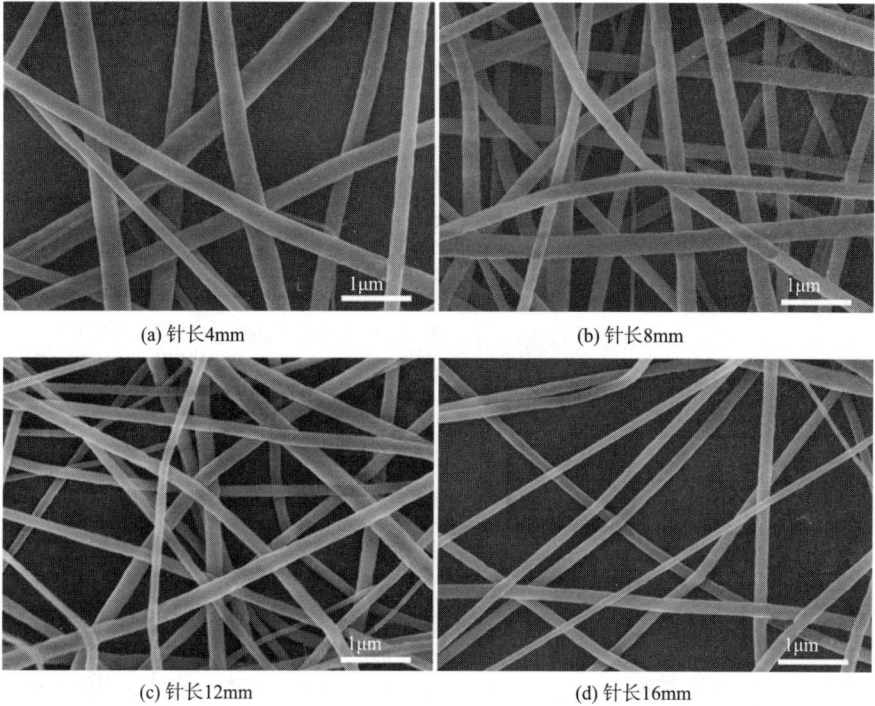

(a) 针长4mm   (b) 针长8mm

(c) 针长12mm   (d) 针长16mm

图 2-2-5 不同针长下得到的纳米纤维形貌图

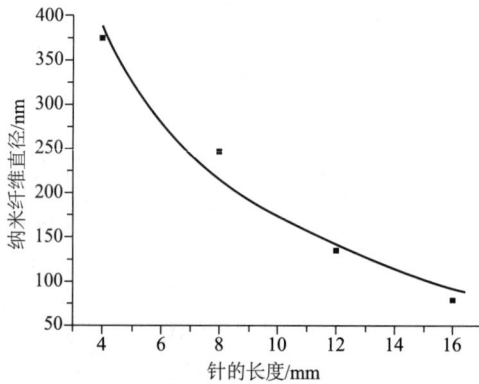

图 2-2-6 纳米纤维直径与针长之间的关系

纳米纤维直径主要受圆盘的旋转频率、针头偏转频率和针头长度影响。当针的长度趋于零时，针盘静电纺则变为无针静电纺。从图2-2-6可以明显看出，$h=0$的无针电纺比单针盘静电纺产生的纤维直径更大。本文首先从理论上验证了针盘静电纺的优点，即随着针长度的增加，纤维直径呈减小趋势，也反映出实针电极纺丝条件下能得到更小直径的纳米纤维。

该理论分析是初步的，需要一个更准确的模型来准确预测纤维的直径。即使这样，该近似结果为针盘旋转频率和针的偏转频率对纤维直径的影响提供了良好的理论预测。并且该理论结果可用于优化盘针系统或通过控制针的直径来控制纤维形态长度和针盘的旋转频率。因此，针盘静电纺的理论模型和实验验证有利于纳米纤维的制备和进一步的应用[21]。

本章小结

本章在传统管式单针头静电纺丝、气泡纺丝和大自然尖端放电现象启发下，提出可控多射流针盘静电纺方法。并分析针盘静电纺过程和针盘静电纺金属针振动场下材料变形和流动规律对纳米纤维直径的影响规律，主要内容总结如下。

（1）针盘静电纺可以在较低电压下产生多射流。

（2）调节针的数量可以控制针盘静电纺射流数量。

（3）由针盘静电纺金属针振动数学模型分析可知，针的长度影响纤维直径的大小，针越长，纤维直径越小。

（4）针盘静电纺金属针振动数学模型从理论上证明，针盘静电纺产生的纤维直径比无针静电纺的小。

参考文献

[1] RAYLEIGH L. On the equilibrium of liquid conducting masses charged with

electricity〔J〕. Phil. Mag, 1882, 14（87）: 184–186.

〔2〕ZELENY J. Instability of electrified liquid surfaces〔J〕. Physical Review, 1917, 10（1）: 1–6.

〔3〕YARIN A L, KOOMBHONGSE S, RENEKER D H. Bending instability in electrospinning of nanofibers〔J〕. Journal of Applied Physics, 2001, 89（5）: 3018–3026.

〔4〕RENEKER D H, YARIN A L, FONG H, et al. Bending instability of electrically charged liquid jets of polymer solutions in electrospinning〔J〕. Journal of Applied Physics, 2000, 87（9）: 4531–4547.

〔5〕LIU G L, ZHANG Y M, TIAN D, et al. Last patents on bubble electrospinning〔J〕. Recent patents on nanotechnology, 2020, 14（1）: 5–9.

〔6〕LI Y, HE J H. Fabrication and characterization of ZrO_2 nanofibers by critical bubble electrospinning for high–temperature–resistant adsorption and separation〔J〕. Adsorption Science & Technology, 2019, 37（5–6）: 425–437.

〔7〕LI Y, DONG A, HE J H. Innovation of critical bubble electrospinning and its mechanism〔J〕. Polymers, 2020, 12（2）: 304.

〔8〕XU C, LING Z W, QI Z, et al. Facile preparation of WO_3 nanowires by bubble–electrospinning and their photocatalytic properties〔J〕. Recent patents on nanotechnology, 2020, 14（1）: 27–34.

〔9〕HE C H, SHEN Y, JI F Y, et al. Taylor series solution for fractal Bratu– type equation arising in electrospinning process〔J〕. Fractals, 2020, 28（1）: 2050011.

〔10〕ALIZADEH F, FAREGH GHARAMALEKI A, JALILZADEH R. A two– stage multiple–point conceptual model to predict river stage–discharge process using machine learning approaches〔J〕. Journal of Water and Climate Change, 2021, 12（1）: 278–295.

［11］温华，魏益平，张兴磊，等.尖端放电喷雾电离质谱技术鉴定肺癌的差异性磷脂研究［J］.重庆医学，2016，45（35）：4929-4931.

［12］JIANG B，ZHENG J，QIU S，et al. Review on electrical discharge plasma technology for wastewater remediation［J］. Chemical Engineering Journal，2014，236：348-368.

［13］RUJIRAVANIT R，KANTAKANUN M，CHOKRADJAROEN C，et al. Simultaneous deacetylation and degradation of chitin hydrogel by electrical discharge plasma using low sodium hydroxide concentrations［J］. Carbohydrate polymers，2020，228：115377.

［14］LIU Z，ZHOU L，RUAN F，et al. Needle-disk electrospinning：Mechanism elucidation，parameter optimization and productivity improvement［J］. Recent patents on nanotechnology，2020，14（1）：46-55.

［15］KARIM M，FATHI M，SOLEIMANIAN-ZAD S. Incorporation of zein nanofibers produced by needle-less electrospinning within the castedgelatin film for improvement of its physical properties［J］. Food and Bioproducts Processing，2020，122：193-204.

［16］TOPUZ F，ABDULHAMID M A，HOLTZL T，et al. Nanofiber engineering of microporous polyimides through electrospinning：Influence of electrospinning parameters and salt addition［J］. Materials & Design，2021，198：109280.

［17］ANGEL N，GUO L，YAN F，et al. Effect of processing parameters on the electrospinning of cellulose acetate studied by response surface methodology［J］. Journal of Agriculture and Food Research，2020，2：100015.

［18］周邦泽，刘占旭，李乐乐，等.静电纺工艺参数对SEBS纤维形貌和直径的影响［J］.塑料工业，2021，49（1）：145-148.

［19］王泽倩.静电纺聚偏二氟乙烯单根纤维的内部结构研究［D］.中国

科学技术大学，2020.

［20］XIONG J，LIU Y，LI A，et al. Mass production ofhigh-quality nanofibers via constructing pre-Taylor cones with high curvature on needleless electrospinning［J］. Materials & Design，2021，197：109247.

［21］ZHAO J，LI X，LIU Z. Needle's vibration in needle-disk electrospinning process：Theoretical model and experimental verification［J］. Journal of Low Frequency Noise，Vibration and Active Control，2019，38（3-4）：1338-1344.

第三章 可控多射流针盘静电纺数值模拟与实验验证

数值模拟依靠电子计算机，结合有限元或有限容积的概念，通过数值计算和图像显示的方法，达到对工程问题和物理问题乃至自然界各类问题研究的目的。

Ansoft Maxwell是功能强大的专业的电磁场仿真工具，主要应用于电场、磁场等领域的计算与分析。越来越多的科研工作者利用Maxwell软件来模拟纺丝喷头的结构并与实验相结合，以便更好地了解纺丝装置。2009年，澳大利亚迪肯大学Lin等[1]利用Maxwell软件来比较滚筒和盘的电场强度和分布情况，指出滚筒的两端电场强度比较大而中部很小，盘的电场主要集中在盘的边缘。2010年，北卡罗来纳州立大学Thoppey等[2]利用Maxwell软件分析了"斜板纺"中斜板的电场强度和分布情况。2011年，北卡罗来纳州立大学Gorga等[3]利用Maxwell软件比较传统单针头纺丝装置和"碗纺"的电场强度的大小和分布情况。2012年，麻省理工学院Rutledge等[4]利用Maxwell模拟了螺旋线周围电场强度的大小和分布情况。近几年来与有关纺丝装置的文献中，越来越多地应用了Maxwell软件来模拟纺丝喷头等的电场强度和分布情况[5-11]。可以看出，数值模拟已成为研究和了解新的纺丝装置的重要手段。

本章将数值模拟与实验验证相结合，主要内容有：①可控多射流针盘静电纺与圆盘静电纺（简称盘纺）和传统管式单针头静电纺的比较（主要从电极电场强度分布和纳米纤维形貌方面比较）；②针盘静电纺相关实验验证（包括可较低电压下纺丝验证，可制备高质量、多种类聚合物纳米纤维验证，可高产量制备纳米纤维验证）。

第一节　可控多射流针盘静电纺与圆盘静电纺和传统管式单针头静电纺的比较

一、与圆盘静电纺的比较

针盘静电纺是在圆盘静电纺的基础上改进的纺丝装置，因此对两者的电场分布进行比较是很有必要的。对于圆盘静电纺来说，数值模拟过程中，施加电压为25kV，采用弧形板接收装置，接收距离为25cm，盘的直径为56mm。对于针盘静电纺，数值模拟过程中，施加电压为25kV，采用弧形板接收装置，接收距离为25cm。针尖的角度为20°，圆盘一周共24根针。针头的直径为0.8mm，针头的长度为8mm。

纺丝过程中，由于在25kV情况下，圆盘静电纺的纺丝过程不能够进行。因此，圆盘静电纺的纺丝电压为30kV。PVDF–HFP浓度为12%，溶剂为N，N–二甲基甲酰胺（DMF）和丙酮（ACE），且质量比为1∶1。纺丝过程中，纺丝温度为25℃±2℃，相对湿度为50%±2%。针盘静电纺的纺丝电压为25kV。材料为PVDF–HFP，浓度为12%，溶剂为DMF和ACE（质量比为1∶1）。纺丝温度为25℃±2℃，相对湿度为50%±2%。

之所以选择在金属盘的基础上改进并进行比较，主要有以下几个原因。

（1）金属盘在纺丝原理上具有代表性。圆盘静电纺的纺丝机理和"裂缝纺""斜板纺""碗纺""滚筒纺""螺旋片""螺旋线"等自由液体表面纺丝方法是一致的[6]，因此从在金属盘的基础上改进并作比较的结果可以映射出对其他纺丝装置改进的效果。

（2）金属盘的盘边缘电场强度分布较均匀，所获得的纳米纤维直径分布比较均匀。例如，Lin等[10]用金属盘纺丝制备出PVDF纳米纤维，得到的纳米纤维直径分布较均匀。

（3）金属盘加工相对简单。在相同的数值模拟条件下，结果如图3-1-1所示。由图可知，金属盘的电场分布比较均匀，从盘边缘向外电场强度逐渐减弱［图3-1-1（a）］。这是因为金属盘的表面是光滑的弧形结构，理想情况下，金属盘边缘上的每处都有相同的曲率。施加电压后，电荷也在金属盘边缘均分分布，从而电场强度分布比较均匀。为了更好地了解电场强度大小，以顶端为起点做100mm长的线段，并得到了电场强度大小在此线段上的分布情况［图3-1-1（b）］，可知电场强度的最大值为3.18×10^5V/m，离金属盘越远，电场强度越小且逐渐缓慢地减小。图3-1-1（c）为针盘静电纺纺丝喷头电场强度分布云图，可以看到电场强度在针尖的地方比较大；越远离针尖，电场强度越小。图3-1-1（d）为

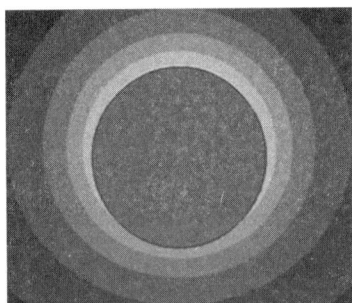

(a) 圆盘静电纺喷头电场强度
分布云图

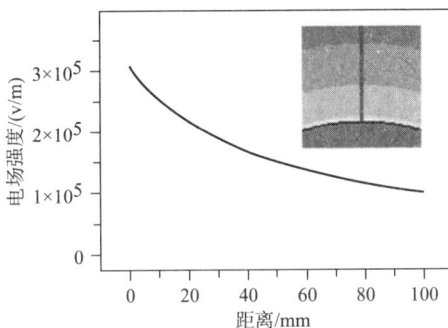

(b) 圆盘静电纺电场强度分布

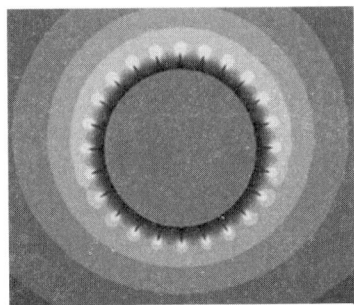

(c) 针盘静电纺喷头电场强度
分布云图

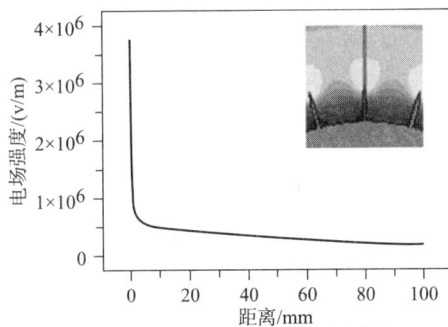

(d) 针盘静电纺电场强度分布

图 3-1-1　圆盘静电纺和针盘静电纺电场强度分布图

以针尖为起点100mm长的线段上电场强度大小的分布情况，可知针尖处的电场强度最大为3.76×10^6V/m，为同等条件下金属盘的11.8倍。离针尖越远，电场强度越小且电场强度大小急剧减小。相对于金属盘平滑的盘边缘来说，针盘上的针尖处曲率大幅增加。针尖处面电荷密度远远大于金属盘边缘上的面电荷密度，因此产生了较大的电场强度。

纳米纤维形貌图和直径分布图进一步验证了数值模拟的结果。由图3-1-2清楚地看到，圆盘静电纺得到的纳米纤维直径较大为463nm。而且，纤维直径分布相对较广，从122nm到741nm（图3-1-3）。在针盘静电纺条件下，纳米纤维直径较小为245nm且纤维直径分布较均匀，从181nm到357nm（图3-1-3）。由图3-1-1~图3-1-3可以看到，在其他条件不变的

(a) 圆盘静电纺　　　　　　　(b) 针盘静电纺

图 3-1-2　圆盘静电纺和针盘静电纺纳米纤维形貌图

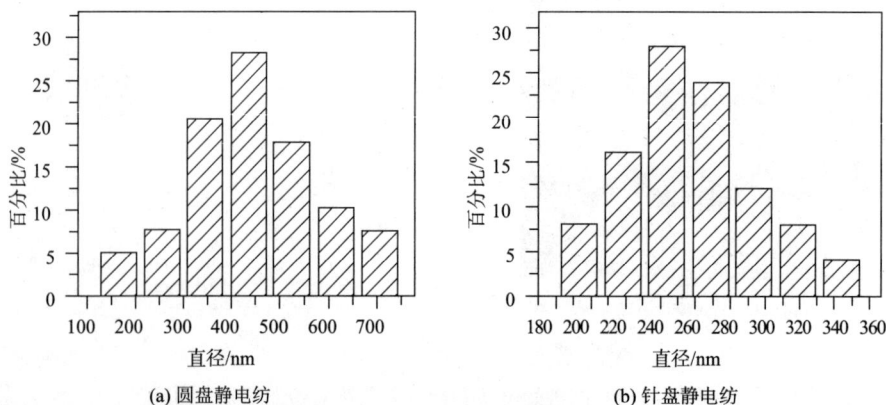

(a) 圆盘静电纺　　　　　　　(b) 针盘静电纺

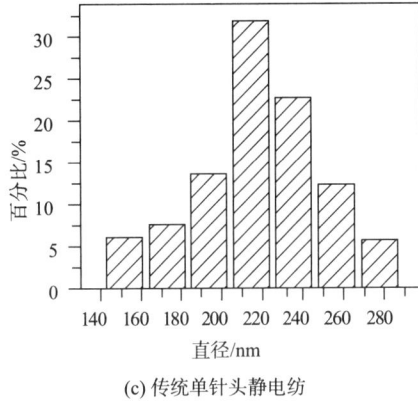

(c) 传统单针头静电纺

图 3-1-3 圆盘静电纺、针盘静电纺和传统单针头静电纺纳米纤维的直径分布

情况下，通过增加针头，增加金属盘局部的曲率，从而达到了增加纺丝系统电场强度的目的。在同样的条件下，针盘静电纺纺丝喷头处电场强度大幅增加，为同等条件下圆盘静电纺的11.8倍。从而在相同的纺丝电压下得到直径较小的纳米纤维。

二、与传统管式单针头静电纺的比较

在相同的纺丝条件下，将针盘静电纺与传统单针头静电纺电场强度分布和电场强度大小情况进行比较。

数值模拟参数如下：对于传统单针头静电纺丝，施加电压为25kV，接收距离为25cm，针头长度为3cm，针头内径为0.8mm。为了更好地比较两种纺丝方法，基于传统单针头纺丝原理，数值模拟过程添加纺丝液，电导率设为1.6μs/cm，纺丝液的泰勒锥角度为49.3°。对于针盘静电纺，施加电压为25kV，接收距离为25cm。圆盘一周共24根针。针头的直径为0.8mm，针头的长度为8mm。纺丝液电导率也为1.6μs/cm，且厚度为0.1mm[11]。

纺丝过程中，纺丝电压为25kV，接收距离为25cm。传统单针头纺丝流速设为0.8mL/h，盘旋转速度为25r/min。材料为PVDF-HFP，浓度为12%，溶剂为DMF和ACE（质量比为1∶1）。纺丝温度为25℃±2℃，相对湿度为50%±2%。

　　传统单针头静电纺丝有许多优点，比如可控性好，纺丝电压低，一般情况下可以得到直径均匀的纤维。为了更好地将针盘静电纺与单针头静电纺方法相比较，在模拟过程中加入了纺丝液模型，且溶液的泰勒锥角假定为49.3°。同样，金属盘针尖表面也相应加入了纺丝液。如图3-1-4（a）所示，对于传统单针头纺丝可以看到，电场集中在泰勒锥的顶端处。在纺丝的过程中，液体被拉长形成一个锥形液体。此锥形液体成了纺丝喷头中最尖锐的部分，也是面电荷密度最大的地方，因而此处电场强度最大。为了更好地了解电场分布情况，以纺丝液泰勒锥顶端为起点做一条长100mm的线段，考察在此线段上的电场强度分布情况［图3-1-4（b）］。由图3-1-4（b）可以看到，纺丝液顶端处电场强度最大为$4.18 \times 10^6 \text{V/m}$，随后电场强度急剧减小，在20mm处几乎降为0。图3-1-4（c）为针盘静电纺电

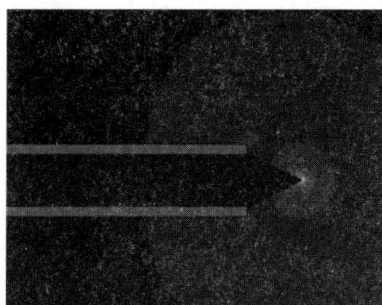

(a) 单针头静电纺电场分布云图

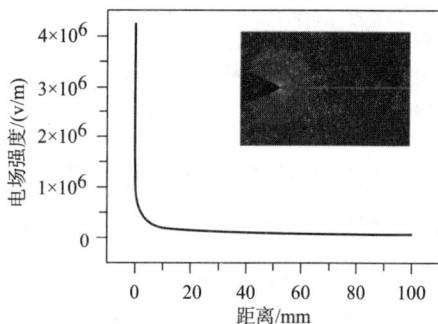

(b) 单针头静电纺电场强度分布

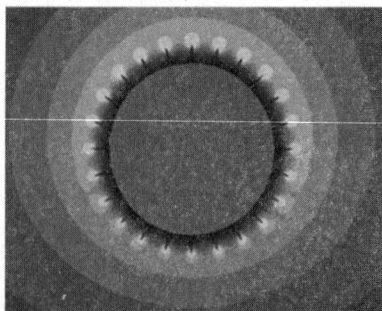

(c) 针盘静电纺喷头电场强度分布云图

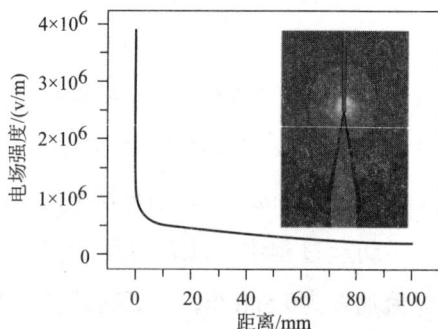

(d) 针盘静电纺电场强度分布

图3-1-4　传统单针头静电纺电极和针盘静电纺电极端的电场强度分布图

场强度分布云图，可以看出电场集中在针尖处且越远离针尖电场强度越小。由图3-1-4（d）可以看到，电场强度在针尖处最大为3.91×10^6V/m，远离针尖则电场强度减小。可以看出，在此针盘模型下，在同样的施加电压和接收距离时，两者产生了大小接近的电场强度。可以预见，相比于其他自由液体表面纺丝法，针盘静电纺可以在较低电压下纺丝。

实际的实验结果进一步验证了数值模拟的结果。如图3-1-5（a）所示，传统单针头纺丝得到表面光滑的纳米纤维，平均直径为226nm，且纤维直径分布比较均匀，从141nm到288nm。如图3-1-3所示，在本实验针盘静电纺条件下，得到的纳米纤维平均直径为245nm，且纤维直径分布较均匀，从181nm到357nm。同样的条件下，针盘静电纺得到的纳米纤维比传统单针头纺丝纳米纤维直径大，这可能是由于针盘静电纺在纺丝过程中少量溶剂挥发的原因。由图3-1-4和图3-1-5可知，在相同的条件下，针盘静电纺得到和传统单针头纺丝大小相差无几的电场强度大小。考虑到针盘静电纺装置的可变化性和可控性比较强，可以改变针盘静电纺纺丝喷头的参数，如针头数量和针尖曲率来改变最终电场强度的大小，从而在相同的纺丝条件下得到直径大小和分布相似的纳米纤维。由实验结果可知，针盘静电纺可以得到与传统单针头纺丝质量相媲美（直径分布均匀）的纳米纤维。

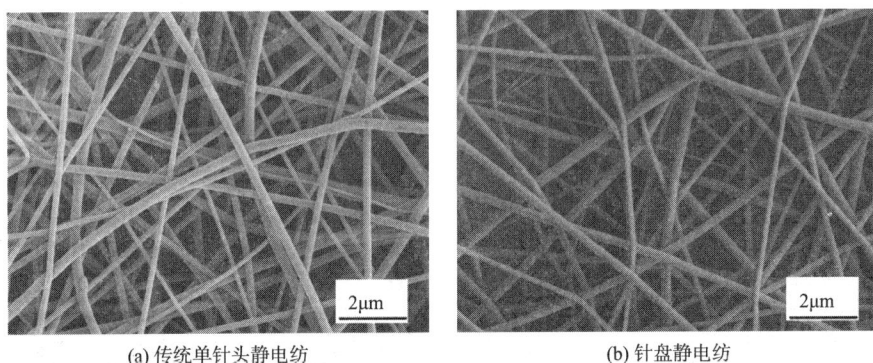

(a) 传统单针头静电纺　　　　　　　　(b) 针盘静电纺

图 3-1-5　传统单针头静电纺和针盘静电纺纳米纤维形貌图

第二节　可控多射流针盘静电纺相关实验验证

一、较低电压下可纺

为了验证针盘静电纺可在较低电压下纺丝，选择PVDF-HFP，浓度为12%，在不同纺丝电压下纺丝。PVDF-HFP溶于DMF和ACE中，两种溶剂的质量比为1∶1。常温下搅拌，得到浓度为12%的纺丝液。纺丝过程中，接收距离选择25cm，金属盘上针的直径为0.8mm，针的长度为8mm。针盘以一定的速度旋转。纺丝电压分别为15kV、25kV、30kV。所有材料购买后未经进一步处理直接使用。纺丝温度为19℃±2℃，相对湿度为65%±2%。

电压大小是纺丝过程中的关键因素，决定着纺丝过程能否顺利进行。已报道的自由液体表面纺丝法由于纺丝喷头的曲率很小，同样大小的电压下产生的电场强度比较小，因而需要很高的临界电压来产生射流。而对于针盘静电纺来说，尖锐的针尖处曲率很大，面电荷密度高。在同样大小的电压，产生的电场强度也较大。由图3-2-1可知，当电压仅为15kV时，便得到光滑的、直径分布均匀的纳米纤维。只是在此电压下，纳米纤维的产量比较小。相对来说，纳米纤维的直径也较大，为284nm±21nm。当电压增大到25kV时，由实际的纺丝过程可以推断纺丝产量大幅增加。由于

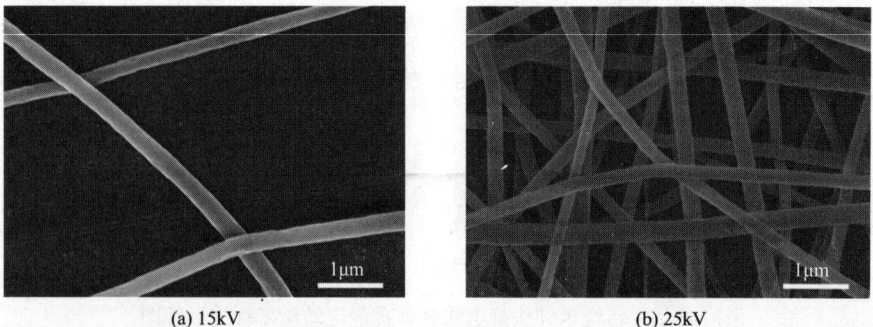

(a) 15kV

(b) 25kV

(c) 30kV

(d) 直径分布图

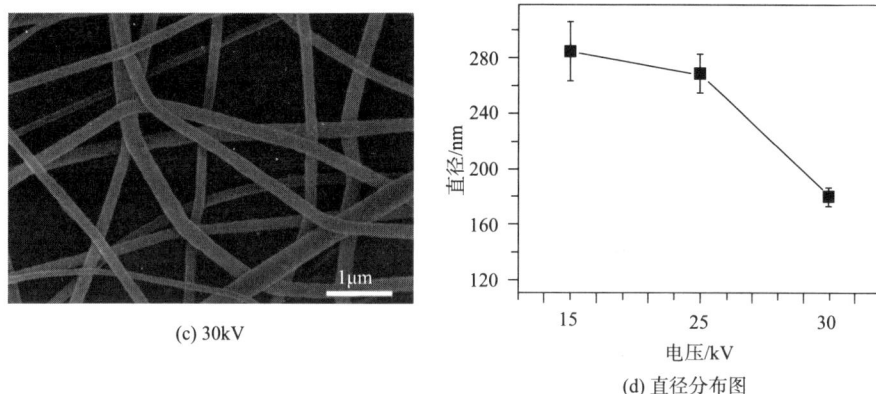

图 3-2-1　不同电压条件下 PVDF-HFP 纳米纤维形貌和直径分布图

电场强度的增大，纳米纤维的直径减小为268nm±11nm。当电压为30kV时，电场强度进一步增大，纤维直径也进一步减小为179nm±10nm。由实验结果可知，针盘静电纺可以在较低电压（15kV）下纺丝，得到光滑的、直径分布均匀的纳米纤维。

二、制备高质量、多种类聚合物纳米纤维

聚乙烯醇（1750±50）溶解于去离子水中，在90°下搅拌2h得到浓度为8%的纺丝液；再生丝素膜溶解于无水甲酸中，常温搅拌3h得到浓度为10%的纺丝液；可溶性淀粉溶于无水甲酸中，常温搅拌3h得到浓度为10%的纺丝液；聚偏氟乙烯（KF-850，Kureha，日本）溶于混合溶剂DMF和ACE中（质量比1:1），70℃下搅拌2h得到浓度为10%的纺丝液；聚甲基丙烯酸甲酯（分子量350000g/mol，阿拉丁）溶于混合溶剂DMAC和ACE中（质量比1:1），在40℃下搅拌3h得到12%的纺丝液。

纺丝过程中，金属盘上针的直径为0.8mm，针的长度为8mm。对于针盘静电纺来说，纺丝电压低于15kV时，纳米纤维的产量比较低。因此，在实验中，根据不同种类的聚合物，纺丝电压选择为20kV或25kV。具体纺丝参数见表3-2-1。

表 3-2-1　不同聚合物纺丝工艺参数

样品	电压 /kV	接收距离 /mm	相对湿度 /%	温度 /℃
聚乙烯醇 （传统单针头静电纺）	20	180	55 ± 2	20 ± 2
聚乙烯醇 （针盘静电纺）	20	180	55 ± 2	20 ± 2
再生丝素	25	240	55 ± 2	20 ± 2
可溶性淀粉	25	240	45 ± 2	18 ± 2
聚偏氟乙烯	25	240	50 ± 2	18 ± 2
聚甲基丙烯酸甲酯	25	240	50 ± 2	18 ± 2

由图3-2-2可知，针盘静电纺能够制备直径分布均匀的多种聚合物纳米纤维，如水溶性的聚乙烯醇、生物材料丝素蛋白和淀粉、工程塑料聚甲基丙烯酸甲酯和聚偏氟乙烯，这些聚合物纳米纤维的制备反映出针盘静电纺具有制备多种类聚合物纳米纤维的能力。在同样的纺丝条件下，传统单针头和针盘静电纺都能够制备均匀的、光滑的聚乙烯醇纳米纤维。如图3-2-3所示，针盘静电纺得到的聚乙烯醇纳米纤维的直径为254nm ± 28nm，而传统单针头纺丝得到的聚乙烯醇纳米纤维的直径为285nm ± 45nm。此外，针盘静电纺也能够制备光滑的再生丝素纳米纤维膜，直径为231nm ± 23nm，且纤维直径分布均匀，直径为200nm到264nm的纳米纤维占比为81%。用这种纺丝方法和特殊的溶剂可以得到直径分布均匀的超细淀粉纳米纤维，直径为364nm ± 30nm，且纤维直径分布范围比较窄，为287nm到443nm。得到的聚偏氟乙烯纳米纤维直径较小，为130nm ± 8nm，且直径分布均匀（从105nm到167nm）。本实验中得到的聚偏氟乙烯纳米纤维比大多数文献中报道的直径分布较均匀[13-17]，直径均匀的纳米纤维对聚偏氟乙烯用于水处理方面有益处。用针盘静电纺制备的聚甲基丙烯酸甲酯纳米纤维的平均直径为685nm ± 77nm。直径分布范围较

小，为452nm到802nm。用针盘静电纺制备的纳米纤维表面光滑、直径分布均匀。可以看出，针盘静电纺可以制备与传统单针头质量相媲美（直径分布均匀）的多种聚合物纳米纤维[18]。

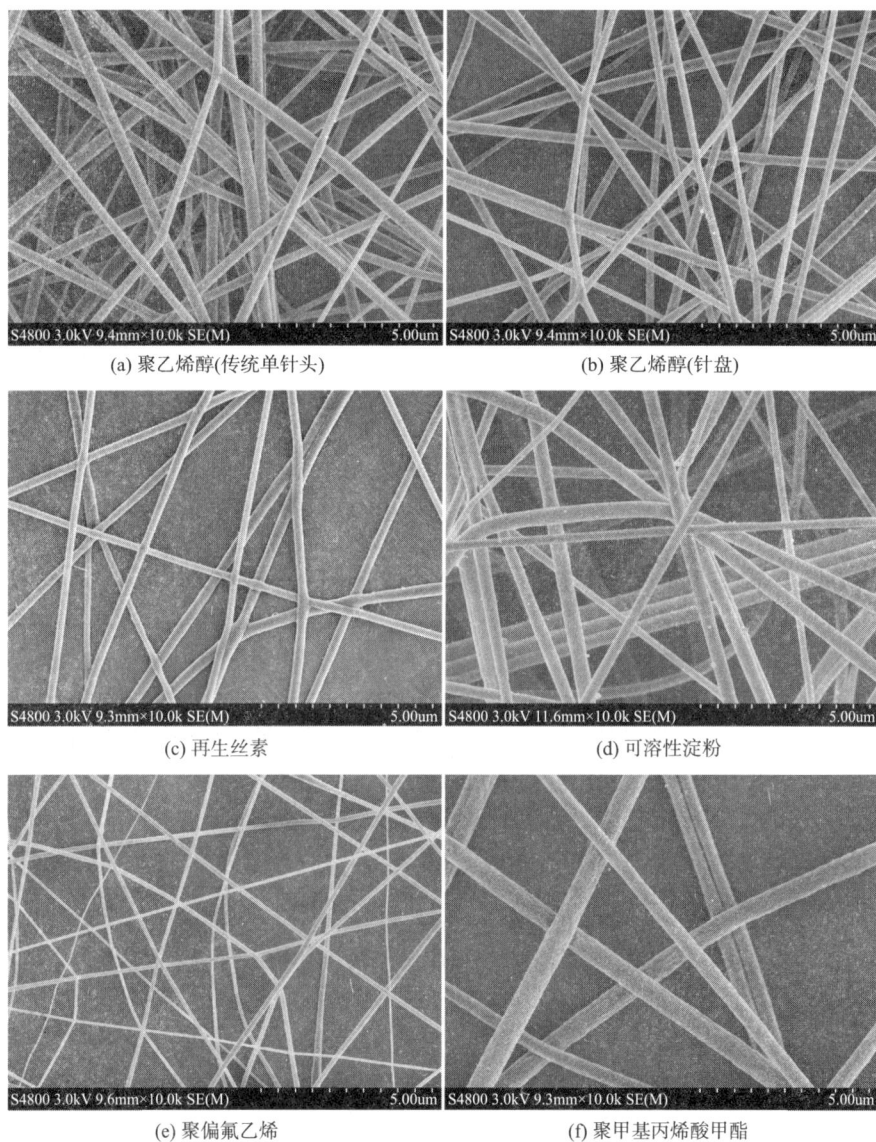

(a) 聚乙烯醇(传统单针头)　　　　　　　　(b) 聚乙烯醇(针盘)

(c) 再生丝素　　　　　　　　　　　　　　(d) 可溶性淀粉

(e) 聚偏氟乙烯　　　　　　　　　　　　　(f) 聚甲基丙烯酸甲酯

图 3-2-2　多种聚合物高质量纳米纤维形貌图

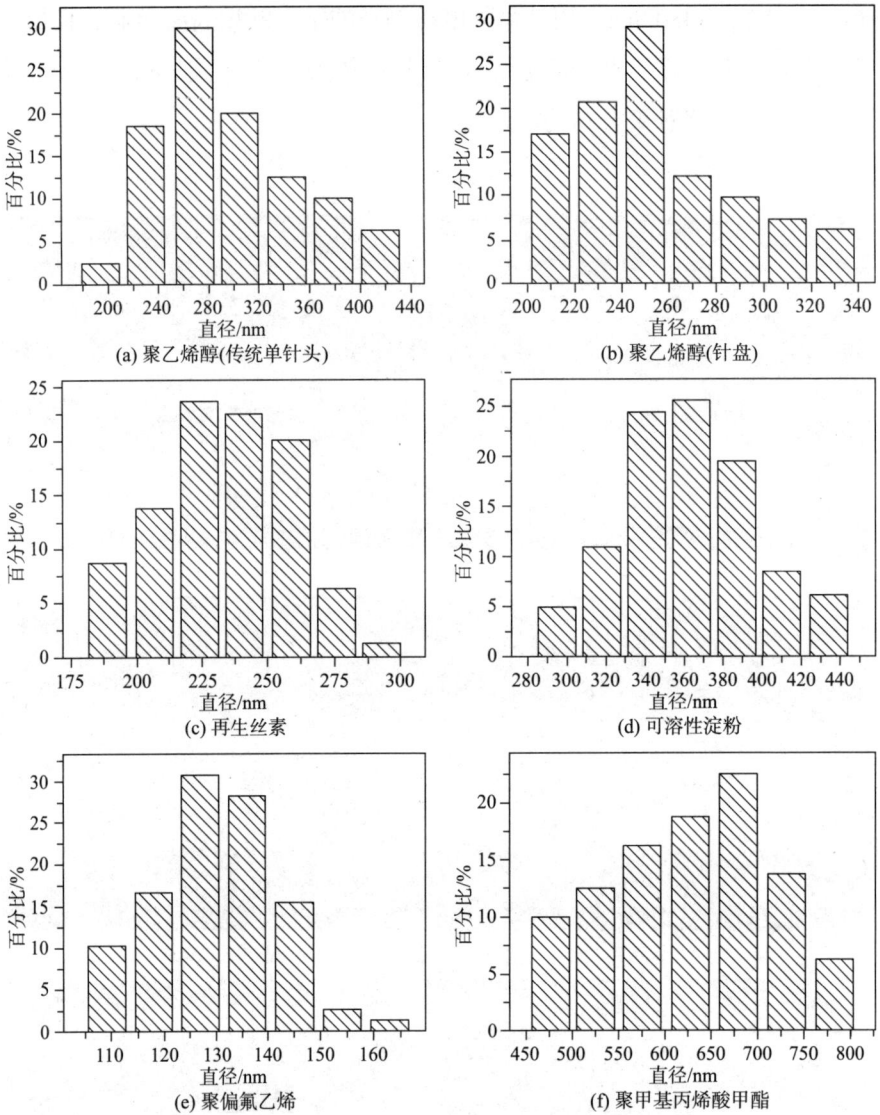

图 3-2-3　不同种类的聚合物纳米纤维直径分布图

三、高产量制备纳米纤维

　　为了验证针盘静电纺的产量，选择材料为PVDF-HFP，浓度为12%，传统单针头和针盘静电纺在相同的条件下纺丝。传统单针头纺丝过程中，电压为25kV，流速为0.8mL/h，接收距离为25cm。针盘静电纺纺丝过程中，电压为25kV，针的直径为0.8mm，针头的长度为8mm，接收距离为25cm。

采用重量法来测量纳米纤维膜的产量。纺丝时间为1h，刚纺出的纳米纤维膜在60℃下热处理6h以去除残留的溶剂。然后，在不同的地方裁剪3片四边形的纳米纤维膜（1.5cm×1.5cm，命名为A_{piece}）。3片膜的平均重量记录为W_{piece}。随后，测量得到的纳米纤维膜的总面积，记为A_{total}。则纳米纤维膜的产量可由下式得到：

$$产量（g/h）=W_{piece}\times\frac{A_{total}}{A_{piece}}$$

为了评估针盘静电纺的产量，传统单针头纺丝和针盘静电纺的产量如图3-2-4所示，嵌入图片的面积为1.5cm×1.5cm的纳米纤维膜。针盘静电纺的产量为13.5g/h，这是在相同条件下传统单针头纺丝产量的183倍。显示出针盘静电纺制备纳米纤维产量高的特点。

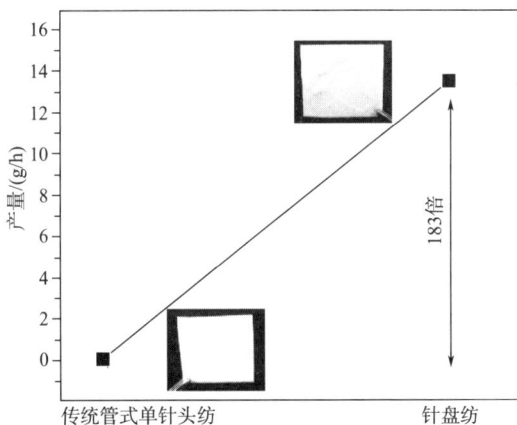

图3-2-4　传统管式单针头静电纺丝和针盘静电纺丝产量对比

此外，针盘静电纺与已报道的纺丝方法产量也进行了对比，见表3-2-2。值得注意的是，很多纺丝方法的产量都是可以随着各自纺丝喷头的改变而改变的，包括针盘静电纺。因此，比较的结果只是定性的，可以作为制备纳米纤维产量的参考。由表3-2-2可知，滚筒静电纺、磁性材料辅助静电纺、盘边沿静电纺、碗边沿静电纺和裂缝静电纺[19-26]的产量比较低。尽管多孔管静电纺[25]和旋转圆锥体静电纺[27]得到的纳米纤维产量比较高，但是其纳米纤维直径分布不均匀。同样地，锥形线圈静电纺[28]和圆盘静电纺[1]的产量也较高，但是需要很高的电压。至于缠绕线圈静电纺，在不同的接收位置得到的纳米纤维的直径是不同的，这对要求纤维直径相对均匀的应用（如膜蒸馏）是不利的。因此，在产量和质量方面有一个很好的平衡，而且可以在相对较低的电压下纺丝。

表 3-2-2　针盘静电纺与文献报道的纺丝方法产量对比

纺丝方法	产量	电压
磁体辅助静电纺[19]	12 倍传统单针头静电纺	10^5V/m
滚筒静电纺[20]	25 倍传统单针头静电纺	40~50kV
碗边沿静电纺[21]	40 倍传统单针头静电纺	—
多孔管静电纺[22]	250 倍传统单针头静电纺	20kV
螺旋线圈静电纺[23]	5.23g/h	25~30kV
旋转圆锥体静电纺[24]	10g/min	30kV
金属线电极静电纺[25]	1mg/（min·cm）	35kV
盘边沿静电纺[26]	10 倍传统单针头静电纺	28kV
裂缝静电纺[27]	7~16mL/h	32~43kV
锥形线圈静电纺[28]	2.75g/h	70kV
圆盘静电纺[1]	7.5g/h	57kV
针盘静电纺	183 倍传统单针头静电纺	25kV

本章小结

　　本章结合数值模拟与实验验证，研究了可控多射流针盘静电纺与圆盘静电纺和传统管式单针头纺丝的比较以及针盘静电纺相关实验验证。主要结论如下。

（1）与圆盘静电纺比较可知，增加了针尖后，针盘静电纺产生的电场强度大幅增加，为原来的11.8倍。

（2）与传统单针头纺丝的比较结果可知，针盘静电纺可以制备与传统单针头质量（直径分布均匀）相媲美的纳米纤维。

（3）针盘静电纺可以在较低电压下，大批量制备直径分布均匀、多种类聚合物的纳米纤维。

参考文献

［1］NIUE H，LIN T，WANG X. Needleless electrospinning. I. A comparison of cylinder and disk nozzles［J］. Journal of Applied Polymer Science，2009，114（6）：3524-3530.

［2］TOPPY N M，BOCHINSKI J R，CLARKE L I，et al. Unconfined fluid electrospun into high quality nanofibers from a plate edge［J］. Polymer，2010，51（21）：4928-4936.

［3］THOPPEY N M，BOCHINSKI J R，CLARKE L I，et al. Edge electrospinning for high throughput production of quality nanofibers［J］. Nanotechnology，2011，22（34）：345301.

［4］FORWARD K M，RUTLEDGE G C. Free surface electrospinning from a wire electrode［J］. Chemical Engineering Journal，2012，183：492-503.

［5］KWON Y，YOON J，JEON S Y，et al. Numerical simulation of gas-assisted polymer-melt electrospinning：Parametric study of a multinozzle system for mass production［J］. Polymer Engineering & Science，2020，60（9）：2111-2121.

［6］LIU Z，JU K，WANG Z，et al. Electrospun jets number and nanofiber morphology effected by voltage value : Numerical simulation and experimental verification[J]. Nanoscale Research Letters, 2019, 14(1): 1–9.

[7] YIN J, AHMED A, XU L. High–throughput free surface electrospinning using solution reservoirs with different depths and its preparation mechanism study [J] . Advanced Fiber Materials, 2021: 1–14.

[8] LI X, ZHENG Y, MU X, et al. The effects of electric field on jet behavior and fiber properties in melt electrospinning [J] . Fibers and Polymers, 2020, 21 (5): 984–992.

[9] CHEN P, ZHOU Q, CHEN G, et al. Prediction and optimization of process parameters of electrospun polyacrylonitrile based on numerical simulation and response surface method [J] . Textile Research Journal, 2021, 00405175211003986.

[10] RYU H I, KOO M S, KIM S, et al . Uniform–thickness electrospun nanofiber mat production system based on real–time thickness measurement [J] . Scientific reports, 2020, 10 (1): 1–10.

[11] LI X, ZHENG Y, MU X, et al. Jet motion and fiber properties arising from a parallel electric field in melt–electrospinning [J] . Textile Research Journal, 2021, 91 (7–8): 899–910.

[12] KONG L, ZIEGLER G R. Fabrication of pure starch fibers by electrospinning [J] . Food Hydrocolloids, 2014, 36: 20–25.

[13] MA X H, DONG Z Q, ZHANG P Y, et al. Preparation and characterization of superhydrophilic PVDF electrospun nanofibrous membrane based on in situ free radical polymerization [J] . Materials Letters, 2015, 156: 58–61.

[14] DONG Z Q, MA X H, XU Z L, et al. Superhydrophobic modification of PVDF–SiO$_2$ electrospun nanofiber membranes for vacuum membrane distillation [J] . RSC Advances, 2015, 5 (83): 67962–67970.

［15］LYU J Y, CHEN S, HE W, et al. Fabrication of high-performance graphene oxide doped PVDF/CuO/Al nanocomposites via electrospinning［J］. Chemical Engineering Journal, 2019, 368: 129–137.

［16］GEE S, JOHNSON B, SMITH A L. Optimizing electrospinning parameters for piezoelectric PVDF nanofiber membranes［J］. Journal of Membrane Science, 2018, 563: 804–812.

［17］MOTAMEDI A S, MIRZADEH H, HAJIESMAEILBAIGI F, et al. Effect of electrospinning parameters on morphological properties of PVDF nanofibrous scaffolds［J］. Progress in Biomaterials, 2017, 6（3）: 113–123.

［18］LIU Z, ANG K K J, HE J. Needle-disk electrospinning inspired by natural point discharge［J］. Journal of Materials Science, 2017, 52（4）: 1823–1830.

［19］YARIN A L, ZUSSMAN E. Upward needleless electrospinning of multiple nanofibers［J］. Polymer, 2004, 45（9）: 2977–2980.

［20］TANG S, ZENG Y, WANG X. Splashing needleless electrospinning of nanofibers［J］. Polymer Engineering & Science, 2010, 50（11）: 2252–2257.

［21］THOPPEY N M, BOCHINSKI J R, CLARKE L I, et al. Edge electrospinning for high throughput production of quality nanofibers［J］. Nanotechnology, 2011, 22（34）: 345301.

［22］DOSUNMU O O, CHASE G G, KATAPHINAN W, et al. Electrospinning of polymer nanofibres from multiple jets on a porous tubular surface［J］. Nanotechnology, 2006, 17（4）: 1123.

［23］HOLOPAINEN J, PENTTINEN T, SANTALA E, et al. Needleless electrospinning with twisted wire spinneret［J］. Nanotechnology, 2014, 26（2）: 025301.

［24］LU B, WANG Y, LIU Y, et al. Superhigh-throughput needleless electrospinning using a rotary cone as spinneret [J]. Small, 2010, 6 (15): 1612–1616.

[25] FORWARD K M, RUTLEDGE G C. Free surface electrospinning from a wire electrode [J]. Chemical Engineering Journal, 2012, 183: 492–503.

[26] THOPPEY N M, BOCHINSKI J R, CLARKE L I, et al. Unconfined fluid electrospun into high quality nanofibers from a plate edge [J]. Polymer, 2010, 51 (21): 4928–4936.

[27] KULA J, LINKA A, TUNAK M, et al. Image analysis of jet structure on electrospinning from free liquid surface [J]. Applied Physics Letters, 2014, 104 (24): 243114.

[28] WANG X, NIU H, LIN T, et al. Needleless electrospinning of nanofibers with a conical wire coil [J]. Polymer Engineering & Science, 2009, 49 (8): 1582–1586.

第四章　可控多射流针盘静电纺参数优化

本章中，利用数值模拟和实验方法相结合，完成以下内容：①针盘静电纺针盘参数如针头数量、针头直径、针头长度等对纺丝过程和纳米纤维的影响；②纺丝参数如纺丝电压、接收距离对纺丝过程和纳米纤维的影响；③纺丝过程中，纺丝电压、接收距离、针盘旋转速度对纺丝产量的影响。

第一节　针盘静电纺数值模拟过程与电场分布情况

一、针盘数值模拟过程

考虑到针盘静电纺中纺丝喷头较简易，Maxwell 2D便能满足数值模拟过程。模拟过程如下。

（1）根据实际的纺丝参数，建立模型。本文中的参变量为针头数量、针头直径、针头长度、针尖角度、纺丝电压和接收距离等。

（2）设置物性参数。本文中盘的材料为铜（实际也为金属铜），空间介质为空气。

（3）设置边界条件。具体为金属盘上施加的不同的电压。而边界处电压大小设为0（左右三条边界线设为边界，电压为0）。

（4）划分网格。在模拟过程中典型的最大网格单元尺寸应大于

0.05mm小于0.13mm[1]。本文的最大网格单元为0.06mm。目标能量误差为1%，目标能量变化量误差为1%。而本文收敛后的能量误差和能量变化量误差一般在0.001%和0.01%之间。

（5）求解计算。

（6）输出结果。本文主要以云图和点线的方式输出模拟结果。

二、整体电场分布认识

1.电压大小和电场强度整体分布

实际的针头呈光滑的椭圆面［图4-1-1（a）］。在Maxwell模拟过程中，针尖的形状如图4-1-1（b）所示，且针尖的角度θ为针尖处的平面角大小。数值模拟过程中，针盘上施加电压为25kV，接收距离为25cm，圆盘一周共24根针，针尖的角度θ为18°。针头直径为0.8mm，针头长度为8mm。

(a) 针头光学图片　　　　　　　　　　(b) 针尖角度示意图

图 4-1-1　针头光学图片与针尖角度示意图

施加电压是纺丝过程中的一个重要的参数。电压大小决定自由液体表面是否可以产生射流，从而决定纺丝过程是否可以顺利进行。根据实际的纺丝过程，数值模拟时选定电压为25kV，接收距离为25cm。如图4-1-2（a）所示，针盘上的电压为25kV。离针盘越远，电压越小，边界处的电压为0。图4-1-2（b）为在同样条件下的电场分布情况。可以看到，针尖处的电场强度最大，而离针盘越远电场强度越小。在远离针盘一定距离后，电场强度为0。由图4-1-2（b）可以看到，电场集中在针尖处。针尖处有很大的曲率，面电荷密度比较大，所以针尖处的电场强度也很大。图4-1-3为电场线矢量分布图。一般来说，电场线垂直于导体表面。因针盘表面为正电荷，所以电场线垂直于导体表面向外发散。由图4-1-3（b）可以看出，电场线沿着每根针的方向向外发散。

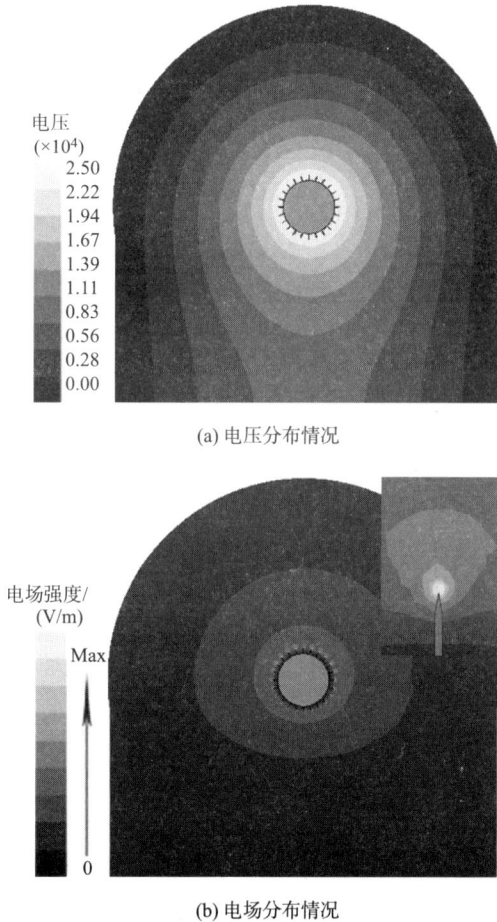

(a) 电压分布情况

(b) 电场分布情况

图 4-1-2　25kV 施加电压、25cm 接收距离时针盘电压与电场分布情况

(a) 整体分布图

(b) 局部分布图

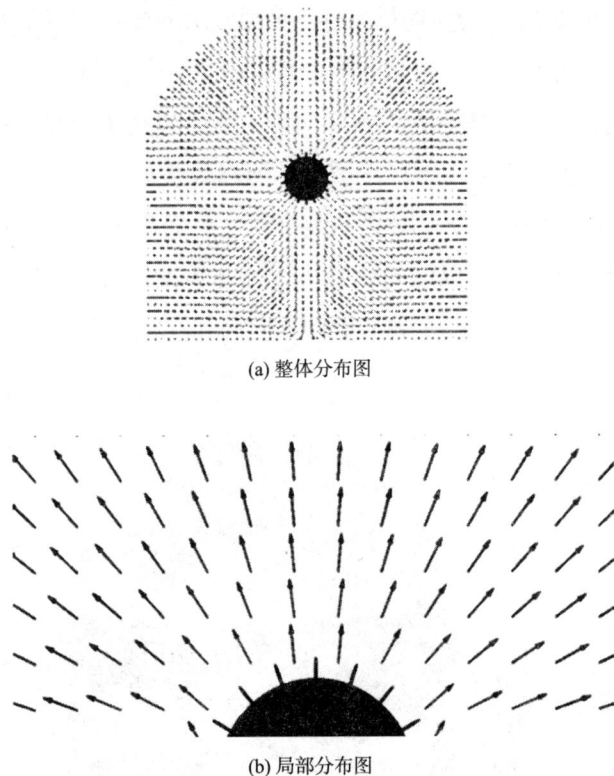

图 4-1-3　电场矢量分布图

2.不同形状接收板电场分布

数值模拟过程中，考察两种形式的接收板。一是平板接收；二是与针盘弧度相同的弧形平板接收。对于平板接收，施加电压为25kV，接收距离为25cm，圆盘一周共18根针，针头角度为18°。对于弧形平板接收装置，施加电压为25kV，接收距离为25cm，圆盘一周共18根针，针头角度为18°。

实际纺丝过程中，电压为25kV，接收距离为25cm，针盘旋转速度为25r/min。PVDF-HFP浓度为12%，溶剂为DMF和ACE（质量比为1∶1）。所有材料购买后未经进一步处理直接使用。纺丝温度为19℃±2℃，相对湿度为65%±2%。

　　静电纺丝过程中，电场强度分布和电场强度大小不仅与纺丝喷头形状密切相关，也与接收装置有很大关系[2-3]。为此，本文考察平板接收装置和弧形板接收装置对电场强度和纤维形貌的影响。图4-1-4（a）为平板接收电场强度分布云图，可以看到电场强度在靠近接收板的那一面比较强；越靠近下表面，电场强度越弱，直至为0。为了更明确地看到电场强度大小分布情况，特地考察了沿着针尖一段圆弧的电场强度分布情况〔图4-1-4（b）〕。由图4-1-4（c）清楚地看到，电场强度大小分布很不均匀。在起始端（顶端）电场强度比较强；沿着圆弧向右，每个针尖处的电场强度越来越小。这是因为起始端（顶端）部分靠近接收板，而越往下离接收板的距离越远，所以电场强度也越小。图4-1-4（d）为弧形板接收电场分布云图，可以看到在针盘的上半部分，电场强度沿着针向外逐渐减弱。同样地，为了与平板接收相比较，对于弧形板接收装置也考察了相同部位的一段圆弧〔图4-1-4（e）〕。不同的是，对于弧形板接收装

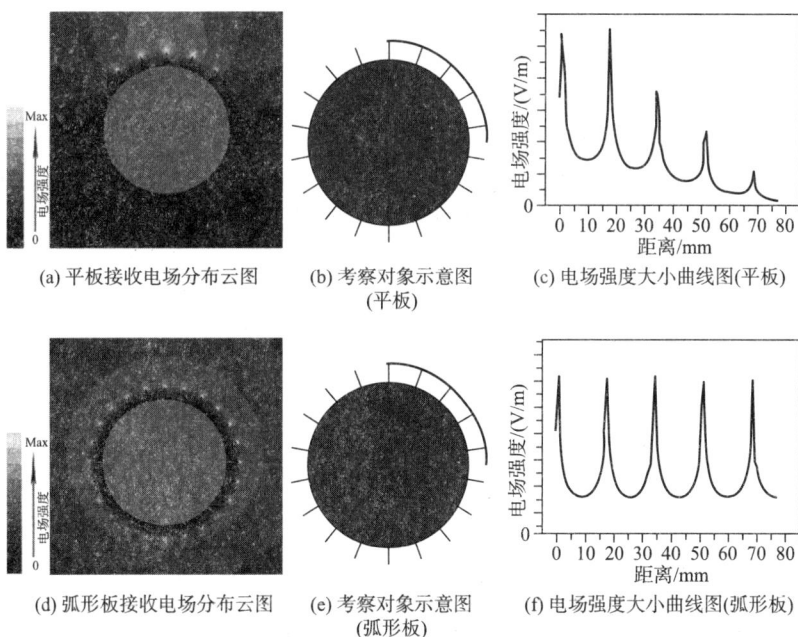

(a) 平板接收电场分布云图　(b) 考察对象示意图　(c) 电场强度大小曲线图(平板)
　　　　　　　　　　　　　　　（平板）

(d) 弧形板接收电场分布云图　(e) 考察对象示意图　(f) 电场强度大小曲线图(弧形板)
　　　　　　　　　　　　　　　（弧形板）

图4-1-4　不同接收方法下电场强度分布及大小图

置，每根针尖处的电场强度分布均匀，电场强度大小相差无几［图4-1-4（f）］。这是因为每根针离接收板的距离是相同的。通过图4-1-4可知，平板接收装置情况下，针尖处电场强度分布不匀；而弧形接收装置每根针针尖处的电场强度分布相对比较均匀。而电场强度大小和电场强度分布情况直接影响纺丝过程和纳米纤维的形貌。本实验结果也进一步验证了数值模拟的结果。

由图4-1-5可知，平板接收装置下纳米纤维直径分布不均匀［图4-1-5（a）］，纤维表面光滑。由直径分布图可知，直径分布范围较广，从244nm到550nm［图4-1-5（c）］。不同的是，弧形接收板下纤维直径比较均匀［图4-1-5（b）］，直径分布比较窄，从293nm到521nm［图4-1-5（d）］。由数值模拟和实验结果可知，平板接收装置下电场分布不均匀，得到的纳米纤维直径分布相对不均匀；弧形板接收装置下，电场分布比较均匀且得到的纳米纤维直径分布范围比较窄。为此，在以后

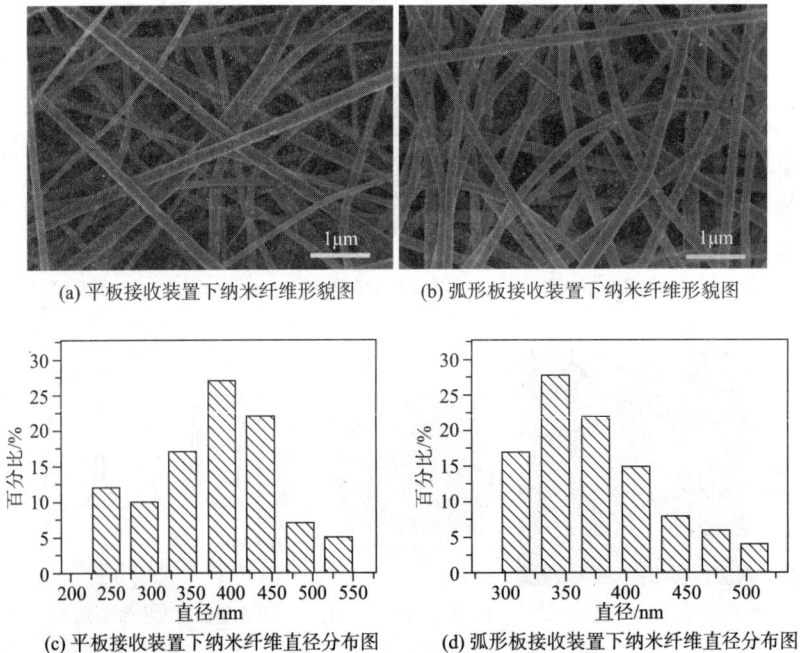

(a) 平板接收装置下纳米纤维形貌图   (b) 弧形板接收装置下纳米纤维形貌图

(c) 平板接收装置下纳米纤维直径分布图   (d) 弧形板接收装置下纳米纤维直径分布图

图4-1-5　不同接收方法下纳米纤维形貌及直径分布图

的数值模拟和实验过程中，都采用弧形板接收装置。

第二节　针盘静电纺不同纺丝参数下的数值模拟

一、不同电极参数下的电场分布情况

1.针头数量不同时的电场分布情况

考察针头数量n对电场分布的影响。施加电压为25kV，接收距离为25cm，采用弧形板接收装置，针头的角度为18°，盘旋转速度为25r/min。针的直径为0.8mm，针头的长度为8mm。针的数量分别为：6°每根针共60根，15°每根针共24根，30°每根针共12根。纺丝过程中，纺丝电压为25kV，接收距离为25cm。材料为PVDF-HFP，浓度为12%，溶剂为DMF和ACE（质量比为1∶1）。纺丝温度为19℃±2℃，相对湿度为65%±2%。

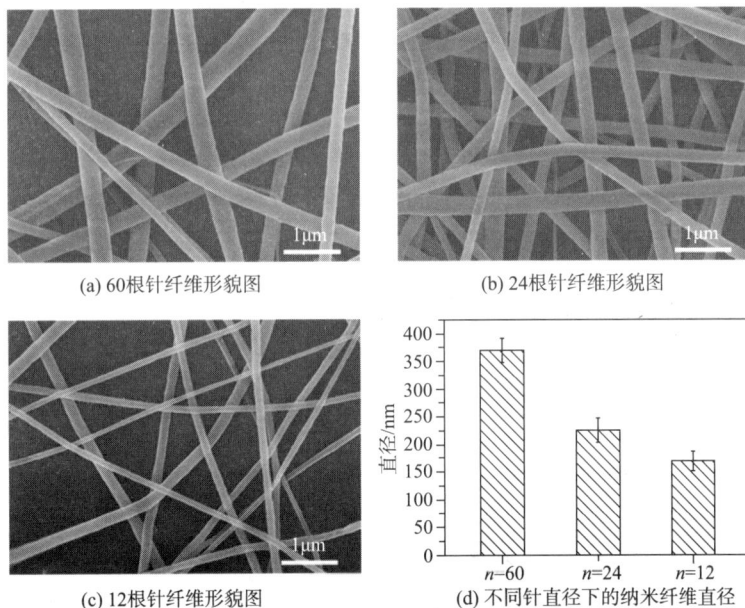

(a) 60根针纤维形貌图　　(b) 24根针纤维形貌图　　(c) 12根针纤维形貌图　　(d) 不同针直径下的纳米纤维直径

图 4-2-1　针头数量不同情况下得到的 PVDF-HFP 纳米纤维形貌和直径分布图

对于孤立的金属导体，不受外力作用时，导体内部处于静电平衡状态。对于金属圆盘来说，当不加电压时，金属圆盘内部处于静电平衡状态，金属圆盘内部正负电荷处于平衡状态且均匀分布；当金属圆盘上施加电压正极时，正电荷向金属圆盘边沿积聚。由于金属圆盘边沿的曲率都相同，所以正电荷均匀地分布在金属圆盘的边沿。当金属圆盘边沿加上金属针后，金属圆盘边沿的曲率则变得不同。针尖的地方曲率变得很大，这些凸出来的地方正电荷分布得更多。此处的面电荷密度比较大，相应地电场强度也比较大。当针的数量比较少时，每根针上分布的正电荷数会比较多，面电荷密度则比较大，此时产生的电场强度也比较大。相反地，当针的数量比较多时，在同样的施加电压下，每根针上分布的正电荷变少。此时，每根针上的面电荷密度比较小，产生的电场强度也较小。数值模拟结果如图4-2-2所示，其中（a）（c）（e）分别为60根、24根和12根针的电场强度分布云图，（b）（d）（f）分别为60根、24根和12根针电场强度分布云图中以顶端处为起点向上100mm线段上电场强度分布曲线图。由数值模拟结果可知，当金属针的数量为12根时，此时模拟产生的电场强度大小（上顶端针尖处的电场强度大小）为4.36×10^6V/m；当金属针的数量为24根时，此时模拟产生的电场强度大小为3.68×10^6V/m；当金属针的数量增加到60根时，此时电场强度有大幅度的减小，为1.43×10^6V/m。可以看出，随着针的数量的增加，产生的电场强度减小。

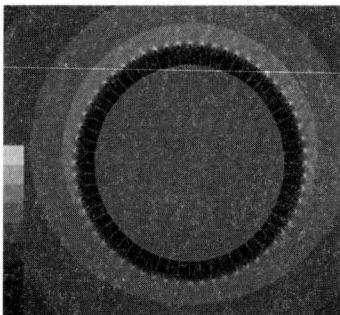

(a) 60根针电场强度分布云图

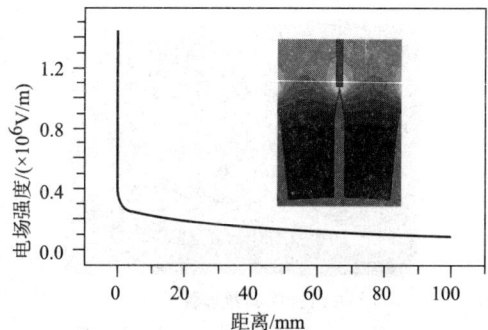

(b) 60根针电场强度分布曲线图

(c) 24根针电场强度分布云图　　　　(d) 24根针电场强度分布曲线图

(e) 12根针电场强度分布云图　　　　(f) 12根针电场强度分布曲线图

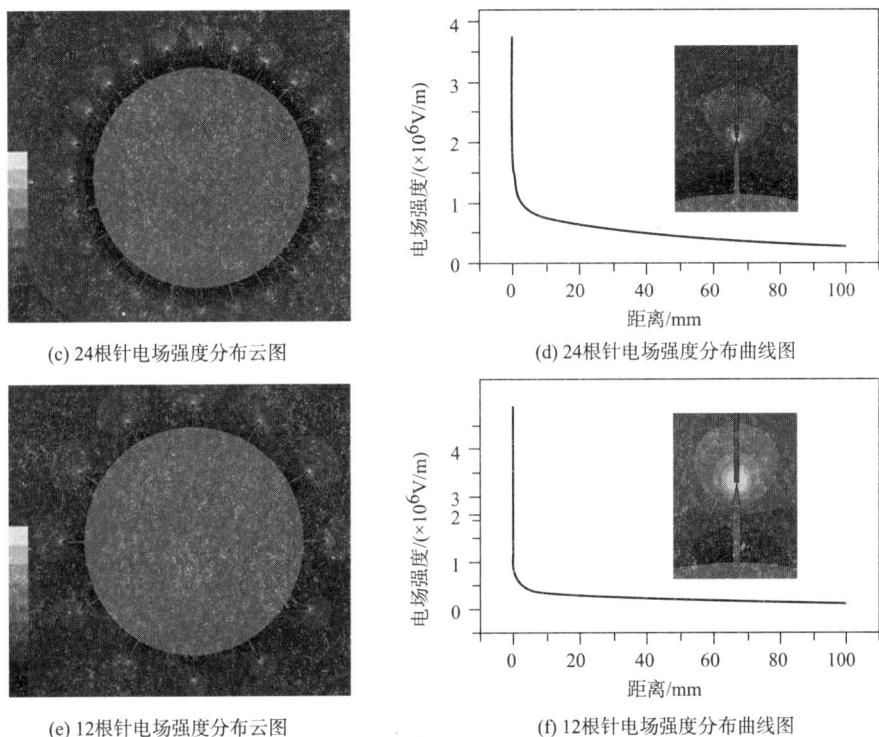

图 4-2-2　针头数量不同时的电场强度及其分布曲线图

实际的实验结果也进一步验证了数值模拟的结果。由图4-2-1可知，当金属针的数量为12根时，此时的PVDF-HFP纳米纤维的直径比较小，为176nm±15nm，这是因为当针的数量比较少时，针尖处产生的电场强度比较大；当金属针的数量为24根时，PVDF-HFP纳米纤维的直径增大为268nm±11nm；当金属针的数量为60根时，PVDF-HFP纳米纤维的直径进一步增大为374nm±21nm，这是由于在此条件下，针尖处的电场强度比较小，纺丝过程中电场力也较小，从而得到的纳米纤维直径较大。考虑到射流的数量和纳米纤维的直径，后续纺丝实验中采取的针头数量为24根。

2.针头长度不同时的电场分布情况

施加电压为25kV，接收距离为25cm，采用弧形板接收装置，针头的角度为18°，圆盘一周共24根针。针头直径为0.8mm，金属盘旋转速度为25r/min。针头长度分别为4mm、8mm、12mm和16mm。纺丝过程中，纺丝电压为25kV，接收距离为25cm。材料为PVDF-HFP，浓度为12%，溶剂为DMF和ACE（质量比为1:1）。纺丝温度为19℃±2℃，相对湿度为65%±2%。

对于不同长度的针头来说，它们具有相同的针尖角度，看起来应该不会对电场分布有影响，但实际上，电场强度与导体表面曲率不是简单的正比关系。导体的形状也影响最终某处的电场强度大小[4-6]。如图4-2-3所示，随着针头长度的增加，最上顶端处电场强度呈现增大的趋势。当针头长度为4mm时，最上顶端处电场强度大小3.09×10^6V/m；当针头长度增加到8mm时，最上顶端处电场强度增加的幅度比较大，为3.68×10^6V/m；随后，再随着针头长度的增大，电场强度也增大但增幅比较小，针头长度为12mm和16mm的电场强度大小分别为3.97×10^6V/m和4.21×10^6V/m（表4-2-1）。

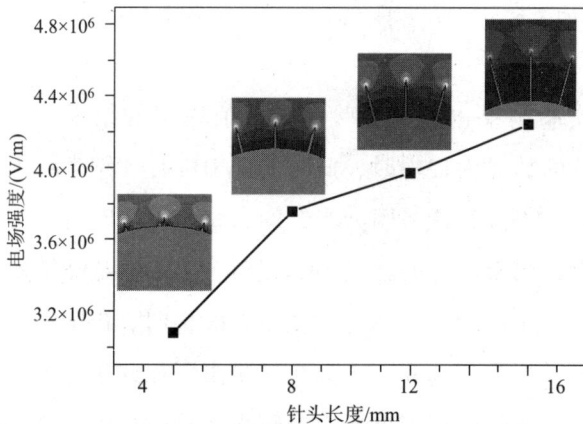

图4-2-3　针头长度不同情况下的电场强度

为了验证针头长度对电场强度和纺丝的影响，在不同的针头长度条件下得到PVDF-HFP纳米纤维，如图4-2-4所示。由图可知，4种针头长度

表 4-2-1　针头长度不同情况下的电场强度

针头长度 /mm	电场强度 /（V/m）
4	3.09×10^6
8	3.68×10^6
12	3.97×10^6
16	4.21×10^6

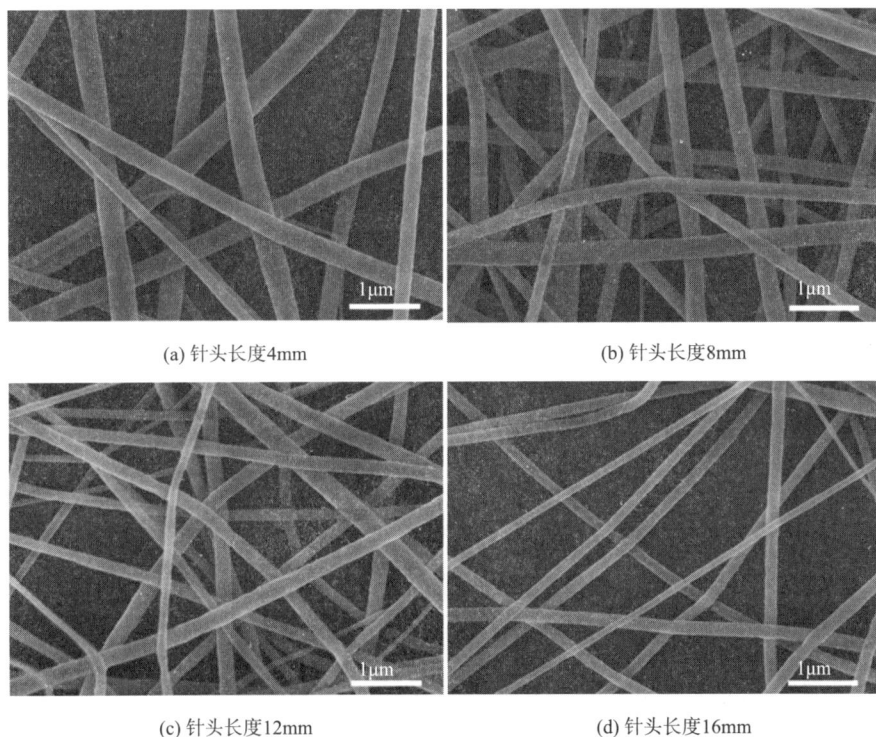

(a) 针头长度4mm

(b) 针头长度8mm

(c) 针头长度12mm

(d) 针头长度16mm

图 4-2-4　针头长度不同情况下的纳米纤维形貌图

下得到的纳米纤维直径分布都比较均匀。当针头长度为4mm时，由于电场强度比较小，则纺丝过程中电场力比较小，得到的纳米纤维直径比较大，为371nm ± 17nm；当针头长度为8mm时，得到的纳米纤维直径比较明显减小，为268nm ± 11nm；当针头长度为12mm时，得到的纳米纤维直径为

213nm±18nm；当针头长度进一步增大到16mm时，由于电场强度的进一步增大，得到的PVDF-HFP纳米纤维直径为168nm±9nm（图4-2-5）。可以看到，针头长度影响电场强度的大小和所制备的纳米纤维直径的大小。由于针头长度从8mm到16mm，电场强度增加幅度比较小，因此在后续纺丝中所用针盘的针头长度为8mm。

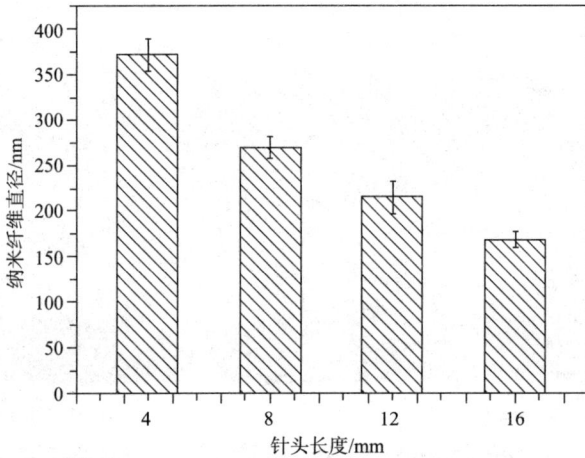

图4-2-5 针头长度不同情况下得到的纳米纤维直径分布图

3.针头直径不同时的电场分布情况

数值模拟过程中，施加电压为25kV，接收距离为25cm，采用弧形板接收装置，针头的角度为18°，圆盘一周共24根针。针头长度为8mm，金属盘旋转速度为25r/min。针头的直径分别为0.5mm、0.8mm、1.2mm和1.6mm。

纺丝过程中，纺丝电压为25kV，接收距离为25cm。材料为PVDF-HFP，浓度为12%，溶剂为DMF和ACE（质量比为1:1）。纺丝温度为19℃±2℃，相对湿度为65%±2%。

传统单针头纺丝过程中，针头内径影响纳米纤维的直径。一般来说，针头内径过大或过小都会导致纤维粗细不匀。针头内径较细时，高黏度的溶液在极细的针头内不易流动，容易造成针头阻塞；当针头内径过粗时，针头末端聚合物与空气接触面积大，溶液挥发快，也会造成针头阻塞现象；当针头直径适中时，浓度越低，电场强度越高，流速越小，得到的纤维直径越小[7-14]。对于针盘静电纺来说，随着针头直径的增大，电场强度大小整体呈增大趋势，但不是正相关关系，如图4-2-6所示。针头直径为0.5mm时，电场强度大小为3.08×10^6V/m；针头直径为0.8mm时，电场强度大小为3.68×10^6V/m；而当针头直径为1.2mm时，电场强度大小反而减小为3.67×10^6V/m；当针头直径为1.6mm时，电场强度最大为4.23×10^6V/m（图4-2-6）。与传统单针头针头内径类似，讨论针盘针头直径只有对于某一种特定黏度的纺丝液才有意义。当溶液黏度很大而针头直径很小时，针头难以拖住聚合物溶液。也就是说，溶液在针头上的状态是不稳定的，每个针头上聚合物溶液都有不一样的形态大小，这会造成所得纳米纤维直径分布不均匀。

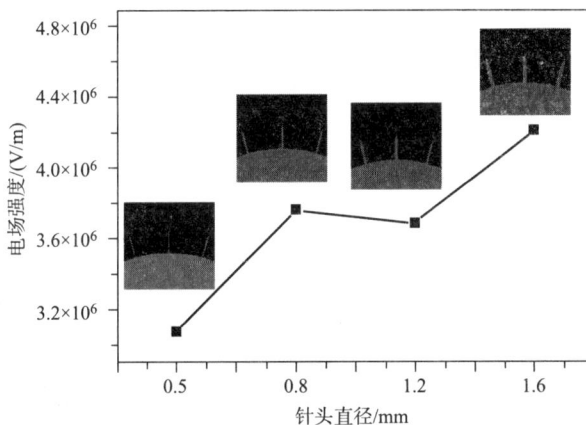

图 4-2-6　针头直径不同时的电场强度

图4-2-7和图4-2-8为实际的实验结果。由结果可知，针头直径为0.5mm时，得到的PVDF-HFP纳米纤维直径比较大，为321nm±28nm，这是由于在此针头直径下电场强度比较小的原因；当针头直径为0.8mm时，得到的PVDF-HFP纳米纤维直径为268nm±11nm；当针头直径为

1.2mm时，电场强度反而减小，得到的PVDF-HFP纳米纤维直径增大为292nm±21nm；而当针头直径为1.6mm时，得到的PVDF-HFP纳米纤维直径为252nm±24nm。可以看到，在4种针头直径下，电场强度大小并没有很统一的规律，而且直径变化不大。由实际的实验过程可知，在1.6mm直径条件下，纺丝过程比较稳定。这可能是由于在浓度为12%的纺丝条件下，纺丝液在直径为1.6mm的针头上比较稳定，纺丝液能比较均匀地覆盖在针头上，从而纺丝过程比较稳定，得到的纳米纤维直径也比较均匀。另一方面由于在此条件下得到的纳米纤维直径较小，因此在后面章节的应用探究中选择直径为1.6mm的针盘。

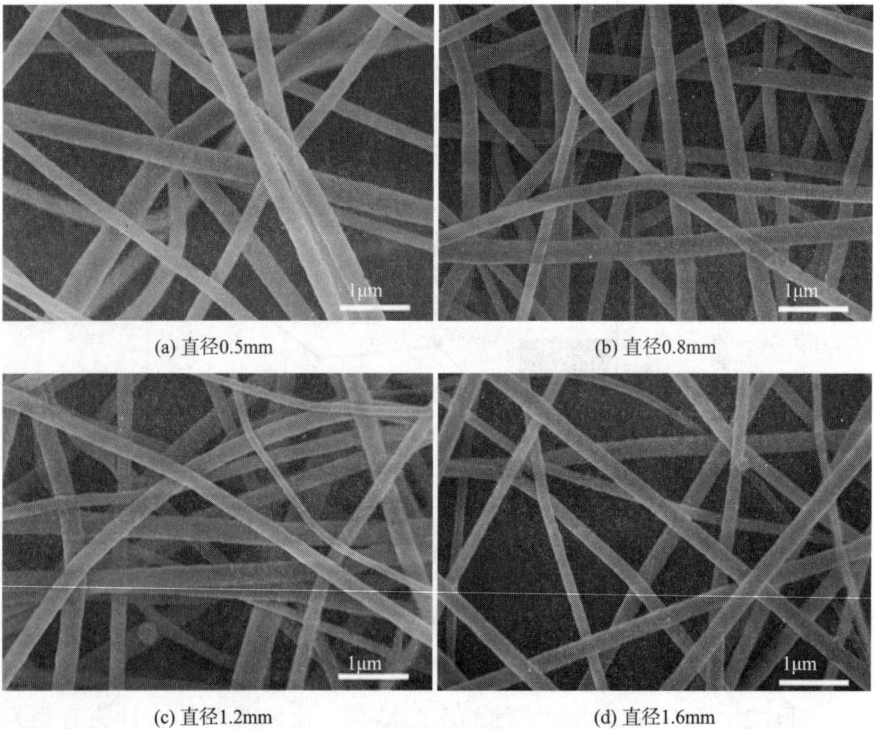

(a) 直径0.5mm

(b) 直径0.8mm

(c) 直径1.2mm

(d) 直径1.6mm

图4-2-7　针头直径不同情况下得到的 PVDF-HFP 纳米纤维形貌图

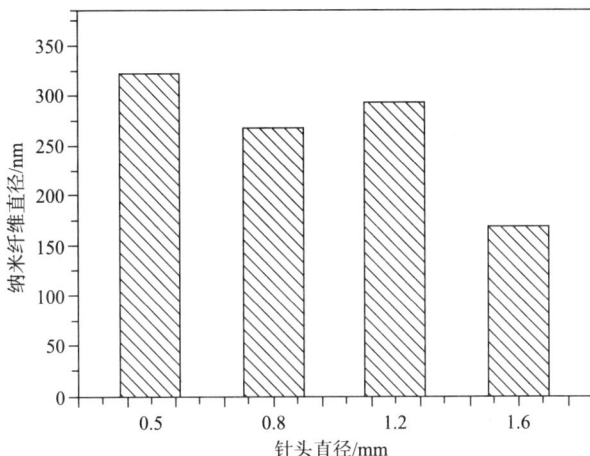

图4-2-8　针头直径不同情况下得到的PVDF-HFP纳米纤维直径分布图

4.针尖角度不同时的电场分布情况

施加电压为25kV，接收距离为25cm，采用弧形板接收装置，针尖角度分别为20°、50°和80°，圆盘一周共24根针。

导体某处的面电荷密度虽然和该处的曲率不是简单地正比关系，但可以肯定的是，曲率大的地方面电荷密度大，该处的电场强度也越大。如图4-2-9所示，当针尖的等效角度为20°时，产生的电场强度大小为$3.76 \times 10^6 V/m$。当针尖角度为50°时，产生的电场强度为$2.68 \times 10^6 V/m$；而当针尖角度变为80°时，电场强度大小变为$1.73 \times 10^6 V/m$。由此可见，导体表面曲率（此处等效为针尖角度）对电场强度的影响是巨大的。对于纺丝过程来说，电场强度的大小决定射流是否形成，进而决定纺丝过程能否顺利进行。实际纺丝过程中，针尖角度对纺丝的影响与针头直径相类似。对于不同黏度的纺丝液，针尖角度对最终的纺丝过程要具体分析。例如，当针尖角度极小，而纺丝液黏度很大时，纺丝液在如此小的针尖上的存在状态是不稳定的，容易造成所制得的纳米纤维直径不均匀。在金属盘制造的过程中，目前很难精准地制造出具有不同针尖角度的金属盘，因而这个变量没有实际的实验验证。

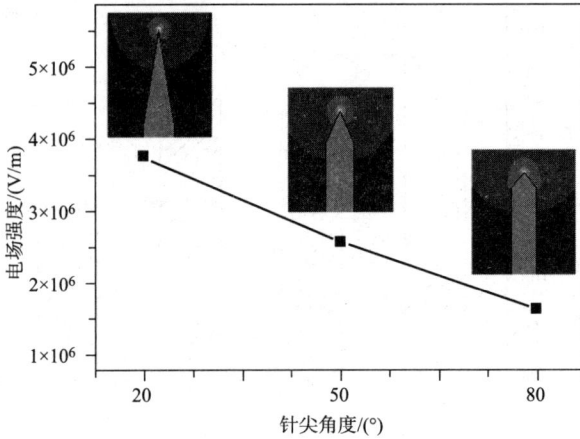

图 4-2-9　针尖角度不同时最上顶端处的电场强度大小

二、不同纺丝条件下的电场分布情况

1.纺丝电压不同时的电场分布情况

数值模拟过程中，接收距离为25cm，采用弧形板接收装置，针尖的角度为20°，圆盘一周共24根针。考虑到实验室高压静电发生器最大电压为30kV，因此数值模拟中所选电压分别为15kV、25kV和30kV。

纺丝过程中，纺丝电压为25kV，接收距离为25cm。材料为PVDF-HFP，浓度为12%，溶剂为DMF和ACE（质量比为1∶1）。所有购买材料未经进一步处理直接使用。纺丝温度为19℃±2℃，相对湿度为65%±2%。

电压是纺丝过程中的关键因素，电压大小决定着纺丝过程能否顺利进行。在不施加电压时，针盘是一个对外不显示电性的孤立导体；当施加电压后，针盘上的电荷重新分布。在曲率大的地方，即针尖处积聚了更多的电荷，此处的面电荷密度比较大，产生的电场强度也越大。因此，从某种程度来说，施加电压是因，电场强度是果。纺丝过程会有一个临界电场强度值，因此也有一个临界电压。当电压值低于临界电压时，没有射流产生。但是对于同样的电压来说，不同的纺丝装置产生的电场强度大小是不同的。

纺丝电压不同时，电场强度及其分布曲线如图4-2-10所示，其中（a）（c）（e）分别为电压为15kV、25kV和30kV时电场强度分布云图，（b）（d）（f）分别为15kV、25kV和30kV时电场强度分布云图中以顶端处为起点向上100mm线段上电场强度分布曲线图。由数值模拟结果可知，当施加电压为15kV时，产生的电场强度大小为2.49×10^6V/m；当施加电压为25kV时，产生的电场强度大小为3.68×10^6V/m；而当施加电压增大到30kV时，产生的电场强度大小为4.51×10^6V/m。由此来看，对于某个固定的纺丝装置来说，施加电压与电场强度呈正相关关系。

实际的实验结果也进一步验证了数值模拟的结果。如图4-2-11所示，当施加电压为15kV时，由于此时产生的电场强度比较小，因此得到的PVDF-HFP纳米纤维直径比较大，为284nm±21nm。实际的纺丝过程中，由于电压比较小，产生的射流比较少且射流的半径比较小。当施加电压增大到25kV时，PVDF-HFP纳米纤维直径减小到268nm±11nm。当电压增大到30kV时，此时产生的电场强度也最大，因此得到的PVDF-HFP纳米纤维直径也最小，为179nm±10nm（图4-2-11）。

2.接收距离不同时的电场分布情况

数值模拟过程中，施加电压为25kV，采用弧形板接收装置，针尖的角度为20°，圆盘一周共24根针。针的直径为0.8mm。接收距离分别为10cm、25cm和40cm。纺丝过程中，纺丝电压为25kV，接收距离为分别为10cm、25cm和40cm。材料为PVDF-HFP，浓度为12%，溶剂为DMF和ACE（质量比为1∶1）。纺丝温度为19℃±2℃，相对湿度为65%±2%。

纺丝过程中，在其他条件不变的情况下，改变接收距离，实际上就是改变了系统的电场强度大小。如图4-2-12所示，当接收距离为10cm时，电场强度大小为5.87×10^6V/m；当接收距离为25cm时，电场强度大小变为3.68×10^6V/m；而当接收距离增大到40cm时，电场强度则减小为2.32×10^6V/m。理论上来讲，随着纺丝液所受电场强度的减小，所制备的纳米纤维直径越大，但这种变化是有一定范围限制的。因为在实际的

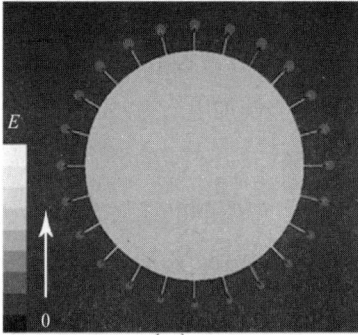

(a) 15kV时电场强度
分布云图

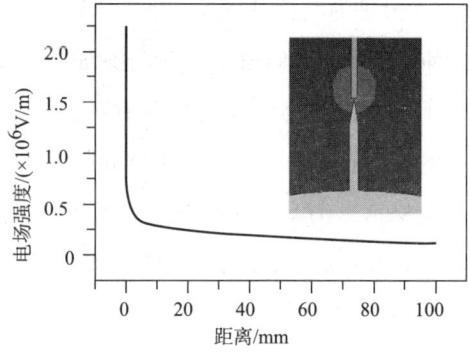

(b) 15kV时电场强度分布曲线图

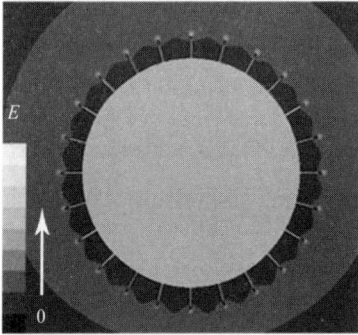

(c) 25kV时电场强度
分布云图

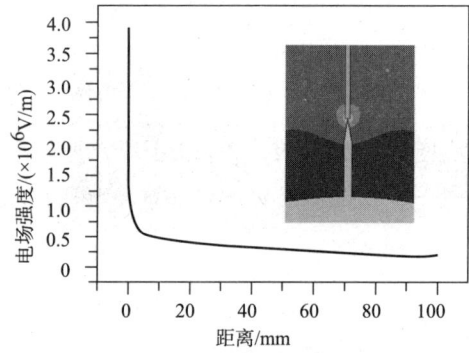

(d) 25kV时电场强度分布曲线图

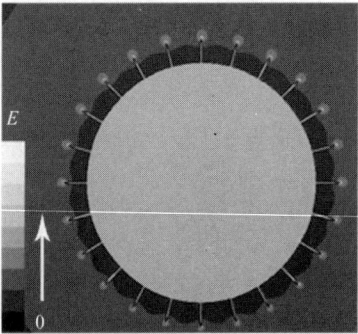

(e) 30kV时电场强度
分布云图

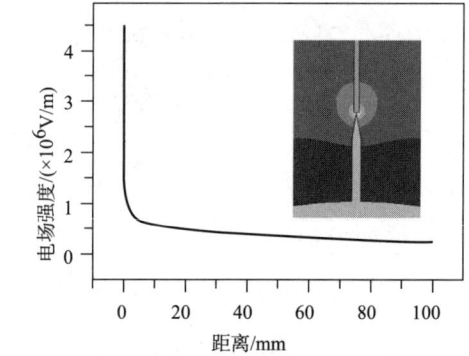

(f) 30kV时电场强度分布曲线图

图 4-2-10　纺丝电压不同时电场强度及其分布曲线图

(a) 15kV时纤维形貌图

(b) 25kV时纤维形貌图

(c) 35kV时纤维形貌图

(d) 不同电压下的纳米纤维直径

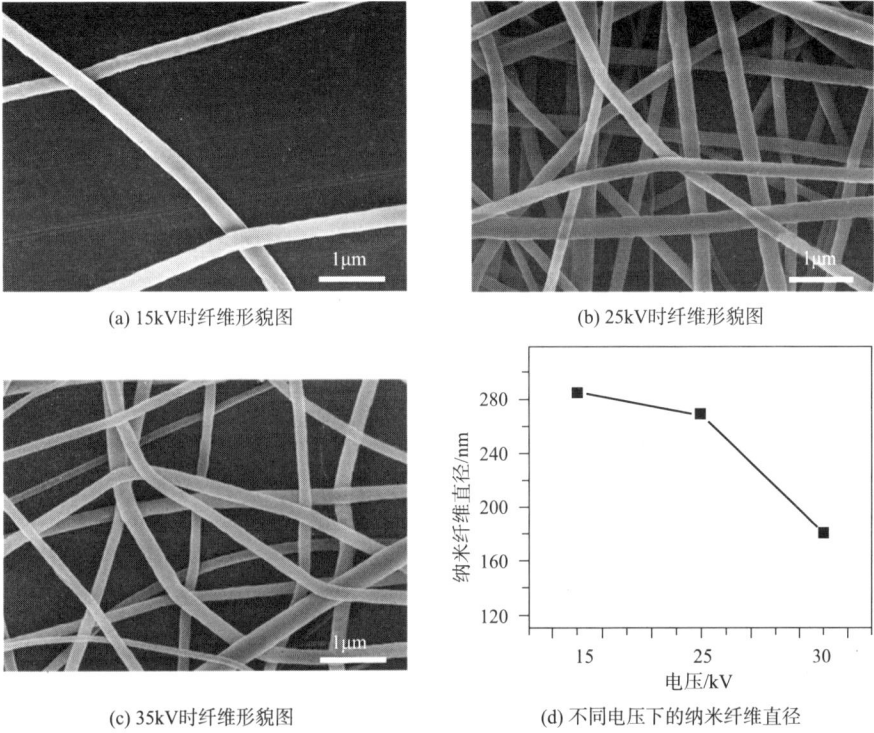

图 4-2-11　不同电压下 PVDF-HFP 纳米纤维形貌和直径分布图

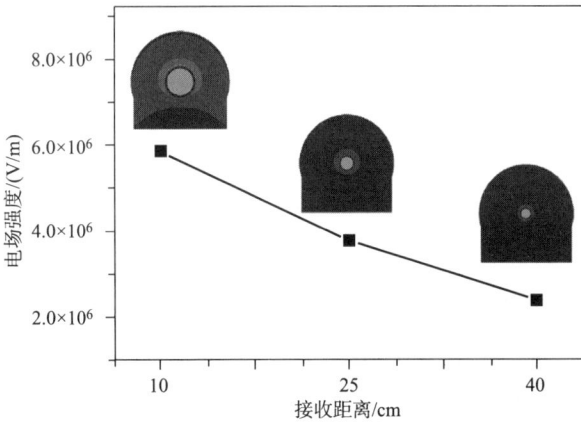

图 4-2-12　接收距离不同时顶端针尖处电场强度

纺丝过程中，当接收距离很小时，溶剂来不及充分挥发且没有足够的空间拉伸细化，则获得的纳米纤维直径相对较大[15-16]；而且，接收距离比较小时得到的纳米纤维直径分布相对不均匀。随着接收距离的增大，射流在电场中的拉伸距离增大，纤维在运动过程中得到充分伸长，此时的纤维直径和形态则相对比较均匀。从产量的角度来说，接收距离较近时，纳米纤维损失少，产量高；距离较远时，会有相当一部分纤维不能被接收到，会造成产量的降低和原料的浪费。因此，纺丝过程中的接收距离要考虑电场强度大小、溶剂挥发是否完全和产量高低三个方面的因素。

实际的实验结果如图4-2-13所示，当接收距离为10cm时，虽然此时的电场强度最大，然而由于接收距离比较小，溶剂挥发不完全，射

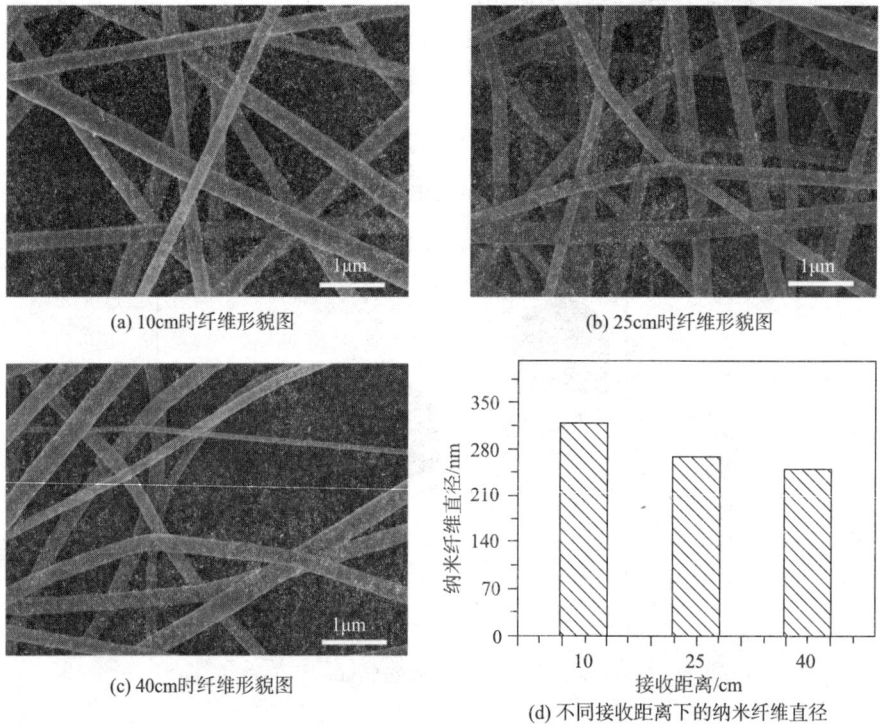

(a) 10cm时纤维形貌图

(b) 25cm时纤维形貌图

(c) 40cm时纤维形貌图

(d) 不同接收距离下的纳米纤维直径

图4-2-13　接收距离不同时 PVDF-HFP 纳米纤维形貌和直径大小图

流牵伸的距离比较短；结果PVDF-HFP纳米纤维的直径相对比较大，为317nm±26nm；而当接收距离为25cm时，PVDF-HFP纳米纤维的直径减小，为268nm±11nm，这可能是由于溶剂充分挥发和射流牵伸距离足够的原因；当接收距离进一步增大时，得到的PVDF-HFP纳米纤维的直径为247nm±29nm，但此时纤维直径不匀性增加。因此，接收距离影响纳米纤维的形貌和纳米纤维的产量，综合这两方面的因素，在后续实验中接收距离选择为25cm。

第三节　纺丝参数对纳米纤维形貌和产量的影响

一、纺丝电压对纳米纤维产量的影响

纺丝过程中，接收距离为25cm，采用弧形板接收装置。针头直径为1.6mm，圆盘一周共24根针，针头长度为8mm。金属盘旋转速度为25r/min。材料为PVDF-HFP，浓度为12%，溶剂为DMF和ACE（质量比为1:1）。纺丝电压分别设定为15kV、25kV和30kV。所有购买材料未经进一步处理直接使用。纺丝温度为19℃±2℃，相对湿度为65%±2%。

在之前的无针纺过程中，由于在自由液面上纺丝，因此，当电压增大时，更高的电场力使溶液克服其表面张力等内聚力而产生更多的射流，射流的增多意味着纺丝产量的增加[17-22]。对于针盘静电纺来说，当施加电压为15kV时，电场力比较小，不足以带动更多的液体参与纺丝，纺丝过程中射流的半径很小，纺丝产量比较低，为0.22g/h；当纺丝电压增加到25kV时，纺丝产量急剧增加，为14.35g/h；当纺丝电压增大到30kV时，纺丝产量进一步增加，为19.25g/h（图4-3-1）。可以看出，随着电压的增加，纺丝产量增加。这可能是由于当纺丝电压增加时，在单位时间内有更多的液体参与纺丝，从而引起产量的增加。

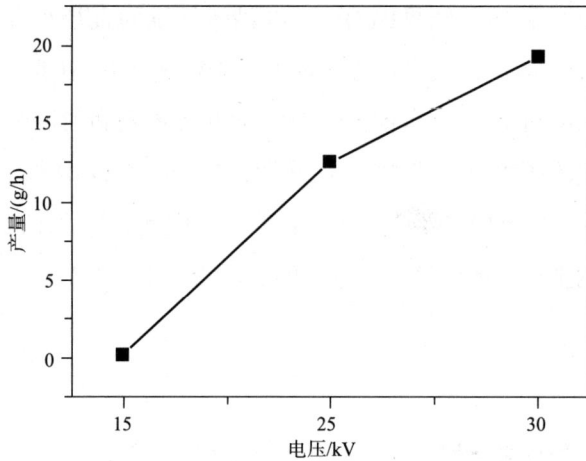

图 4-3-1　不同电压下纳米纤维每小时产量

二、接收距离对纳米纤维产量的影响

纺丝过程中，纺丝电压为25kV，采用弧形板接收装置。针头直径为1.6mm，圆盘一周共24根针，针头长度为8mm。金属盘旋转速度为25r/min。材料为PVDF-HFP，浓度为12%，溶剂为DMF和ACE（质量比为1∶1）。纺丝接收距离分别设定为10cm、25cm和40cm。所有购买材料未经进一步处理直接使用。纺丝温度为19℃±2℃，相对湿度为65%±2%。

纺丝过程中，接收距离主要影响纳米纤维的形貌和纳米纤维的产量。一般来说，接收距离小，则纳米纤维直径比较小；接收距离大，则纳米直径比较大。但这种变化不是正相关的。对于某种特定的纺丝溶液，会有最佳的纺丝距离。在最佳的纺丝距离下，溶剂挥发比较完全且射流牵伸比较充分。

同时，接收距离越小，则产量会越高；接收距离越大，则产量越低。这是由于接收距离较小时，会有更多的纳米纤维集聚到接收装置上，纺丝过程中纳米纤维损失比较少。相反地，接收距离增大，则意味着会有更多的纳米纤维损失，接收装置上接收到的纳米纤维则相对变少。因此，接收距离大会导致产量降低。实际的实验过程也验证了这一推想。由

图4-3-2可知，当接收距离为10cm时，纳米纤维的产量很高，为24.48g/h。实际的纺丝过程中，在此条件下，接收板上纤维很集中，可以认为是没有纳米纤维损失；当接收距离为25cm时，纳米纤维的产量为14.35g/h，可以推断出，在此纺丝距离下，已经有部分纳米纤维损失；当接收距离增大到40cm时，产量急剧减小为1.89g/h，可以猜想，在此距离下，纳米纤维已经损失了相当大一部分，只有很少的一部分集聚在接收板上。考虑到纳米纤维的直径和纳米纤维的产量两个因素，在后续实验中都会采用25cm作为最终的接收距离。而在实际生产中，25cm下已经损失了很大一部分纤维。因此，实际生产的情况下，更应综合考虑纳米纤维的直径和产量，尽可能减小接收过程中纳米纤维的损失。

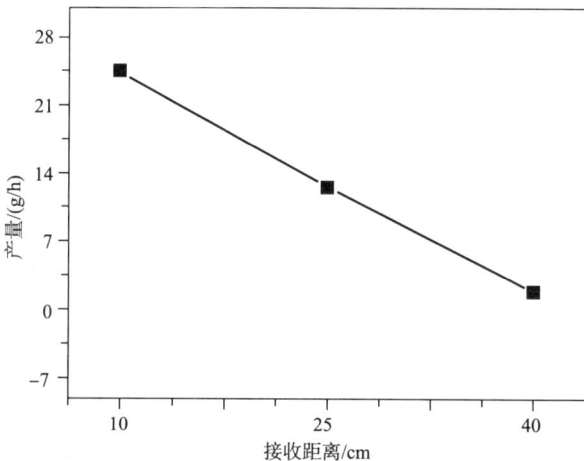

图 4-3-2 不同接收距离下纳米纤维每小时产量

三、针盘转速对纳米纤维产量的影响

纺丝过程中，纺丝电压为25kV，接收距离为25cm，采用弧形板接收装置。针头直径为1.6mm，圆盘一周共24根针，针头长度为8mm。金属盘旋转速度为25r/min。材料为PVDF-HFP，浓度为12%，溶剂为DMF和ACE（质量比为1：1）。纺丝过程中，金属盘转速分别设定为12r/min、

25r/min和50r/min。所有购买材料未经进一步处理直接使用。纺丝温度为19℃±2℃，相对湿度为65%±2%。

由实际的实验过程可知，金属针盘旋转速度影响纺丝的产量。为此，特地考察了3种金属盘转速对产量的影响。由图4-3-3和图4-3-4可知，旋转速度不仅影响纳米纤维的产量，而且影响纳米纤维的形貌。当金属盘旋转速度为12r/min时，纤维直径为258nm，且纤维直径分布比较不均匀。这可能是由于当转速比较小时，针头上纺丝液在刚离开自由液面时比较多，而金属盘旋转到另一边时纺丝液已经变得很少导致的。此外，由于转速比较小，纺丝液到另一边时溶剂已经挥发了一部分，这会造成实际纺丝浓度的增大。这种针尖上面溶液的多少和转速小导致的纺丝液浓度的增大可能是造成纳米纤维直径分布不均匀的主要原因。当金属盘转速为25r/min时，

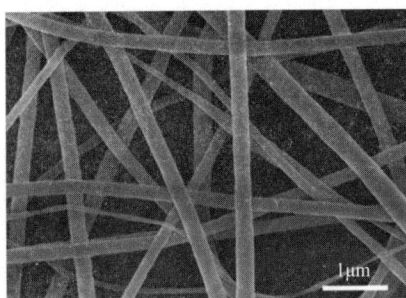

(a) 12r/min时纤维形貌图

(b) 25r/min时纤维形貌图

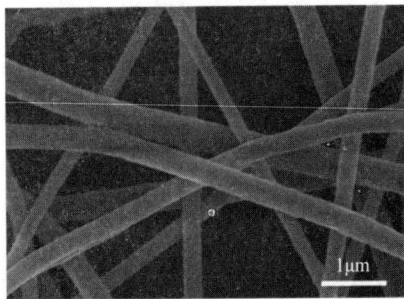

(c) 50r/min时纤维形貌图

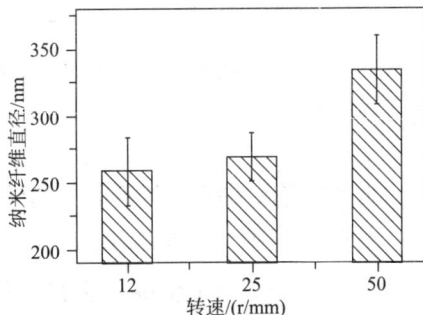

(d) 不同转速下的纳米纤维直径

图4-3-3　不同转速下纳米纤维的形貌和直径大小图

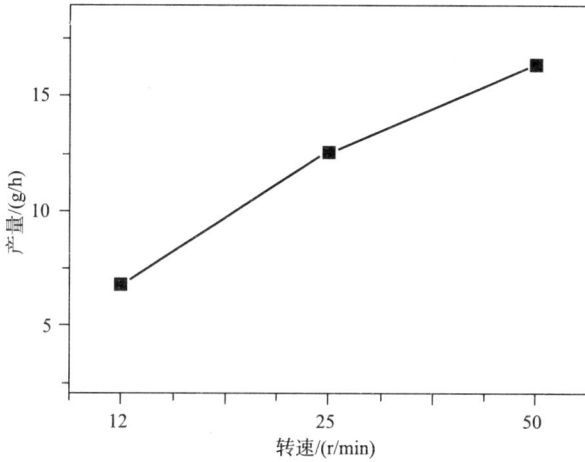

图 4-3-4　不同转速下纳米纤维产量

纤维直径为268nm，且纤维直径分布比较均匀。当金属盘转速为50r/min时，纤维直径增大为334nm，这可能是由于当金属盘速度比较大时，溶剂挥发不充分、射流牵伸不充分造成的。因此，从纳米纤维形貌方面来说，对于某一种特定的纺丝液有其最佳的金属盘转速。

实际的纺丝过程中金属盘的转速影响纺丝的产量。这可能是由于当转速增加时，相当于增加了射流的数量，从而增加了纺丝产量。当转速为12r/min时，由于转速很低，射流数量即为自由液体上面针的数量，产量为6.75g/h；当转速增大到25r/min时，产量增幅比较大，为14.35g/h；当转速为50r/min时，产量进一步增加但增幅变小，为17.52g/h（图4-3-4）。由以上结果可以看出，纺丝过程中，金属盘转速影响纳米纤维的产量。对于某一种特定的纺丝液来说，会有最佳的金属盘转速。

本章小结

本章用数值模拟和实验相结合的方法，系统研究了各种针盘参数、纺丝参数等对系统电场强度和纳米纤维产量的影响。主要结论如下。

（1）相比于平板接收装置，弧形板接收装置产生的电场强度更均匀。

（2）由数值模拟结果可知，随着针头数量的增加，产生的电场强度减小。随着针头长度的增大，产生的电场强度呈增大趋势。随着针头直径的增大，产生的电场强度呈不严格的增大趋势。随着针尖角度的增大（相应的曲率减小），产生的电场强度呈减小趋势。随着施加电压的增大，产生的电场强度呈增大趋势。随着接收距离的增大，产生的电场强度越小。

（3）随着接收距离的减小、电压的增大和旋转速度的增大，纳米纤维产量增加。

（4）可控多射流针盘静电纺丝方法可以在较低的电压下，大批量制备与传统单针头纺丝质量相媲美的多种类聚合物纳米纤维。并且，可以通过调节纺丝喷头参数、纺丝参数来改变纳米纤维膜的形貌和产量，体现出针盘静电纺的可控性。

参考文献

［1］THOPPEY N M，BOCHINSKI J R，CLARKE L I，et al. Edge electrospinning for high throughput production of quality nanofibers［J］. Nanotechnology，2011，22（34）：345301.

［2］庄昌明，孟晓华，曾泳春，等.静电纺丝接收装置的大小对电场分布和纤维接收的影响［J］.纺织学报，2014，35（6）：7-13.

［3］ZHOU Y，HU Z，DU D，et al. The effects of collectorgeometry on the internal structure of the 3D nanofiber scaffold fabricated by divergent electrospinning［J］. The International Journal of Advanced Manufacturing Technology，2019，100（9）：3045-3054.

［4］吕金钟，丁红胜，邱红梅.带电导体球表面处的电场强度［J］.物理与工程，2005，15（1）：27-29.

［5］毕茂强，潘爱川，杨俊伟，等.多针板电极电晕老化装置仿真设计与硅橡胶老化特性研究［J］.重庆理工大学学报（自然科学），2021，35（2）：177-184.

［6］侯星浩，陶军，王春华.电极布置方式对石墨化炉热电场的影响［J］.炭素技术，2020，39（5）：64-68.

［7］谢胜，曾泳春.电场分布对静电纺丝纤维直径的影响［J］.东华大学学报自然科学版，2011，37（6）：677-682.

［8］何晨光，高永娟，赵莉，等.静电纺丝的主要参数对PLGA纤维支架形貌和纤维直径的影响［J］.中国生物工程杂志，2007，27（8）：46-52.

［9］ALEXANDER F A, JOHNSON L, WILLIAMS K, et al. A parameter study for 3d-printing organized nanofibrous collagen scaffolds using direct-write electrospinning［J］. Materials, 2019, 12（24）: 4131.

［10］严涛海，时雅菁，程佳茹.静电纺丝参数对纳米纤维纱线力学性能的影响［J］.东华大学学报（自然科学版），2021，47（1）：21-27.

［11］LIU Z, ZHOU L, RUAN F, et al. Needle-disk electrospinning: Mechanism elucidation, parameter optimization and productivity improvement［J］. Recent patents on nanotechnology, 2020, 14（1）: 46-55.

［12］陈艳，施晓松，徐超，等.静电纺丝制备聚己内酯载药纤维工艺参数研究［J］.工程塑料应用，2021，49（2）：67-73.

［13］NAGLE A R, FAY C D, WALLACE G G, et al. Patterning and process parameter effects in 3D suspension near-field electrospinning of nanoarrays［J］. Nanotechnology, 2019, 30（49）: 495301.

［14］马胜男，刘新金，谢春萍，等.聚丙烯腈静电纺纳米纤维膜及其层合材料的吸声性能［J］.丝绸，2020，57（11）：13-19.

［15］CHANG F C, CHAN K K, CHANG C Y. The effect of processing parameters on formation of lignosulfonate fibers produced using electrospinning technology [J]. BioResources, 2016, 11 (2): 4705–4717.

[16] MOTAMEDI A S, MIRZADEH H, HAJIESMAEILBAIGI F, et al. Effect of electrospinning parameters on morphological properties of PVDF nanofibrous scaffolds [J]. Progress in biomaterials, 2017, 6 (3): 113–123.

[17] YARIN A L, ZUSSMAN E. Upward needleless electrospinning of multiple nanofibers [J]. Polymer, 2004, 45 (9): 2977–2980.

[18] KULA J, LINKA A, TUNAK M, et al. Image analysis of jet structure on electrospinning from free liquid surface [J]. Applied Physics Letters, 2014, 104 (24): 243114.

[19] 陈明伊, 陈柔羲, 朱健, 等. 静电纺丝技术工业化研究进展 [J]. 高科技纤维与应用, 2020, 45 (6): 53–64.

[20] YU L, SHAO Z, XU L, et al. High throughput preparation of aligned nanofibers using an improved bubble–electrospinning [J]. Polymers, 2017, 9 (12): 658.

[21] WEI L, YU H, JIA L, et al. High–throughput nanofiber produced by needleless electrospinning using ametal dish as the spinneret [J]. Textile Research Journal, 2018, 88 (1): 80–88.

[22] LIU Z, ZHAO J, ZHOU L, et al. Recent progress of the needleless electrospinning for high throughput of nanofibers [J]. Recent patents on nanotechnology, 2019, 13 (3): 164–170.

第五章 可控多射流针盘静电纺制备粗糙表面纳米纤维及其应用

材料表面润湿性是材料的重要性能之一。一般来说，接触角大小是衡量材料表面润湿性的常用方法。当材料表面水/油的接触角大于150°时，称为超疏水/超疏油材料；当材料表面水/油的接触角小于5°时，称为超亲水/超亲油材料。

超疏水材料由于其优异的疏水特性，在国防、工农业生产和日常生活中都有着极其广阔的应用前景。近年来，由于工业油污水和水面漏油等对环境造成的危害，使得具有超疏水/超亲油性能的材料成为研究的热点之一。在受到自然界超疏水现象的启发和科研工作者实验研究的基础上，制备超疏水表面通常遵循两个原则：一是在低表面能材料表面构筑粗糙结构；二是在粗糙表面修饰低表面能物质[1]。

基于这两个基本原则，超疏水表面的制备技术主要有等离子处理法[2]、气相沉积法[3]、自组装技术[4]、溶胶凝胶法[5]、模板法[6]、刻蚀法[7]和静电纺丝法[8-10]等。其中，静电纺丝法操作简单，原料廉价，通过控制纺丝参数可一步获得超疏水纳米纤维膜。

2006年，中科院江雷课题组应用静电纺丝技术制备了聚苯乙烯（PS）珠纤维[11]，得到的纳米纤维膜具有超疏水特性，表面水接触角达到166.5°。随后，静电纺丝技术被越来越多地应用于制备超疏水材料。例如，Yoon等[12]应用电纺丝技术得到串珠纤维并结合等离子体溅射技术后，表面水接触角从141°增加到158°。受到大自然银泽菊叶的启发，东华大学丁彬教授课题组利用电纺丝技术得到多层次的微/纳米结构纤维，接触角达到159.5°[13]。此外，结合静电纺丝技术和其他技术，许多无机超疏水纳米纤维膜被制备出来，如二氧化硅纳米纤维膜[14]、碳–硅纳米纤维膜[15]等。

对于静电纺丝纳米纤维膜来说，粗糙结构是其表现超疏水特性很关键的因素。在静电纺丝过程中，产生特殊的表面粗糙结构包括多孔和分层次的褶皱微/纳米结构的主要机理是相分离原理。一般来说，容易挥发的溶剂或混合溶剂是产生相分离的关键[16]。然而，Luo等[17]也指出高溶解度/非溶剂的二元溶剂（它们都不是容易挥发的液体）也能产生相分离现象。同时，一些文章报道高的相对湿度是导致相分离的关键，然而也有报道指出低的相对湿度下也可以产生相分离现象。

Miyauchi等[18]报道了混合溶剂的比例会影响PS纳米纤维的表面形貌。Qi等[19]在纺丝过程中，运用聚乳酸的混合溶剂（一种能溶解聚乳酸，另一种不能溶解聚乳酸）得到微/纳米多孔结构的纳米纤维。这些报道说明二元溶剂对相分离的产生也有重要作用，对形成特殊形貌的纳米纤维有重要影响。然而，关于二元溶剂比例对产生相分离现象影响的报道却很少。

因此，形成特殊形貌的机理仍然需要进一步改进，对于不同的材料和纺丝情形，相分离的机理也需要进一步完善。因此，本章的研究内容和目的主要有：①研究二元溶剂比例对形成聚甲基丙烯酸甲酯（PMMA）褶皱表面纳米纤维的影响规律；②研究二元溶剂比例和湿度对形成PVDF–HFP褶皱表面纳米纤维的影响规律。

第一节　材料和方法

一、主要试剂和材料

主要试剂和材料见表5-1-1。

表 5-1-1　实验所需材料和试剂

材料或试剂	分子量或纯度	厂家或品牌
聚甲基丙烯酸甲酯（PMMA）	350000g/mol	阿拉丁
聚偏氟乙烯－六氟丙烯共聚物（PVDF-HFP）	400000g/mol	苏州亚科科技股份有限公司
N，N-二甲基甲酰胺（DMF）	分析纯	国药集团化学试剂苏州有限公司
丙酮（ACE）	分析纯	国药集团化学试剂苏州有限公司
N，N-二甲基乙酰胺（DMAC）	分析纯	国药集团化学试剂苏州有限公司
正己烷	分析纯	国药集团化学试剂苏州有限公司
亚甲基蓝	分析纯	国药集团化学试剂苏州有限公司
橄榄油	—	市场

注　所有的材料和试剂在应用时没有经过进一步的处理。

二、主要实验仪器

主要实验仪器见表5-1-2。

表 5-1-2　实验过程中所用装置仪器

装置或仪器	型号	厂家或产地
金属盘	—	自制
高压静电发生器	DW-P403-1ACCC	天津东文高压电器厂
电子天平	CP214	奥豪斯仪器（上海）有限公司
恒温加热磁力搅拌器	DF-101S 集热式	巩义市予华仪器有限责任公司

装置或仪器	型号	厂家或产地
电热恒温干燥箱	DHG-9241A	上海圣欣科学仪器有限公司
除湿机	MS-936B	上海湿美电子有限公司
场发射电子显微镜（FE-SEM）	JEOL 7600F	日本 JEOL 公司
扫描电子显微镜（SEM）	S-4800	日本 Hitachi
万能材料试验机	INSTRON-3365	美国 INSTRON 公司
流变仪	AR200	美国 TA 仪器公司
液滴润湿性测量仪	Krüss DSA100	德国吕克士公司
过滤装置	—	市场

三、实验方法和步骤

1.PMMA纳米纤维的制备

纺丝过程中，PMMA浓度为12%，DMAC与ACE的质量比分别为10：0、8：2、6：4、5：5、4：6、2：8和0：10。接收距离为25cm，纺丝电压为25kV。金属盘参数为：针的数量为24根，针的直径为1.6mm，针的长度为8mm，针盘的旋转速度为25r/min。纺丝过程中，环境湿度和温度分别为50%±2%和25℃±2℃。为了与静电纺丝PMMA纤维膜相比较，利用传统铸膜法，将相应配比的纺丝液倒进玻璃培养皿中（直径90mm）。然后在烘箱中50℃烘6h，得到PMMA铸膜。

当PMMA纺丝浓度为14%时，DMAC与ACE的质量比分别为10：0、5：5和0：10，其他纺丝条件不变。

2.PVDF-HFP纳米纤维的制备

纺丝过程中，PVDF-HFP浓度为10%，DMF与ACE的质量比分别为10：0、8：2、6：4、5：5、4：6、2：8和0：10。接收距离为25cm，纺丝电压为25kV。金属盘参数为：针的数量为24根，针的直径为1.6mm，针的长度为8mm，针盘的旋转速度为25r/min。纺丝过程中，环境湿度和温度分别为50%±2%和25℃±2℃。

PVDF-HFP纺丝液浓度为20%时，纺丝参数和环境温湿度不变。

研究不同湿度对纺丝和纳米纤维形貌的影响时，环境湿度分别为35%、50%和80%。其他条件保持不变。

3.表征方法

PMMA和PVDF-HFP纤维的形貌用SEM或FE-SEM表征。表征前纤维表面喷铂金60s。PMMA在纺丝液中的形貌表征时，用相同比例的DMAC和ACE来稀释原有的纺丝液，稀释倍数为10000倍。然后用移液枪吸取2μL稀释后的溶液滴到硅片上，自然晾干。喷铂金后，在SEM下观察。纤维的直径用ImageJ软件来统计，至少100根纤维参与统计过程，取平均值为纤维的直径。

PMMA纺丝液的流变行为用流变仪来测量。测试的锥盘直径为40mm。测试过程中，剪切应力为0.1N。剪切速度设为0.1到5000 1/s。测试温度为25℃。

纳米纤维膜的润湿性能用接触角测量仪测量。测试过程中，水滴的重量为6μL。每个样品选择不同的地方测试5次，最后取平均值作为纳米纤维膜最终的接触角大小。

纳米纤维膜的力学性能用材料万能试验机来测量。测试过程中，纳米纤维膜被裁剪为4cm×2cm的矩形纤维膜。夹距为2cm，拉伸速度为0.2mm/s。测试样品的厚度由千分尺来测量。每个样品重复测试3次，取平均值为最后的力学性能。

过滤能力测试时，纳米纤维膜被裁剪为一定大小的圆形，放在过滤装置中。橄榄油和水的混合物倒进过滤装置中，依靠重力来实现油水混合物的分离。

第二节　二元溶剂比例对粗糙表面 PMMA 纳米纤维的影响

一、对 PMMA 纳米纤维形貌和直径的影响

有趣的是，随着DMAC质量的减小和ACE质量的增加，得到了三个结果：①纤维形貌从珠纤维变化为光滑的纤维；②纤维的表面形貌从分层次的微/纳米结构变为表面光滑的结构；③纤维直径逐渐增加，从0.8μm ± 0.10μm增加到4.8μm ± 0.56μm（图5-2-1）。

对于纤维形貌从珠纤维到全部纤维的变化来说，文献中已多次报道出这种现象并解释了原因。一般说来，在低浓度纺丝下，大分子链缠结不够或材料分子量比较小，易产生珠纤维；当纺丝液浓度超过一个临界值时，

(a) 质量比10∶0

(b) 质量比8∶2

(c) 质量比6∶4

(d) 质量比5∶5

(e) 质量比4∶6

(f) 质量比2∶8

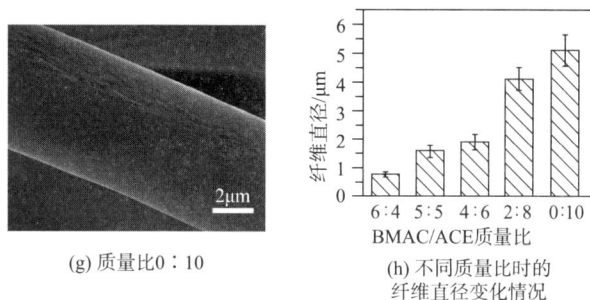

(g) 质量比0∶10

(h) 不同质量比时的
纤维直径变化情况

图 5-2-1　DMAC/ACE 质量比对 PMMA 纤维形貌和纤维直径的影响（浓度 12%）

得到的为全部纤维[21]。在本实验中，虽然纺丝浓度是不变的，但溶液黏度的逐渐增加意味着大分子链的缠结增加[22]，从而导致纤维形貌从珠纤维到全部光滑纤维的变化。

相分离机理是产生特殊表面形貌的主要原因。在本实验中，DMAC为难挥发溶剂，ACE为易挥发溶剂，纺丝温度为25℃±2℃，湿度为50%±2%。由图5-2-1可以看出，随着DMAC/ACE质量比的变化，纤维表面形貌逐渐发生变化。在质量比为6∶4时，纤维呈现出褶皱的表面，即在沿着微米级别的纤维轴线上分布着纳米尺寸的沟槽和脊梁。这种分层次的微/纳米结构表面是形成超疏水PMMA纤维的关键。

微/纳米结构形成的原因分析如下：一方面，在纺丝过程中，当ACE快速挥发后，ACE的损失和温度的减小造成了射流热动态不稳的发生。从而射流开始分为不同的相：聚合物相（PMMA）和溶剂相（DMAC）。随着DMAC的进一步挥发，DMAC相的地方被空气中的水汽占领形成沟壑而聚合物相形成脊梁。另一方面，在纺丝过程中，射流本身的弯曲不稳会加剧相分离的发生，同时射流的牵伸会导致沟槽沿着纤维轴向分布。最终导致了分层次的微/纳米结构的PMMA纤维。

纤维直径逐渐增加是比较容易解释的。因为随着DMAC质量的减小和ACE质量的增加，溶液的黏度逐渐增加。黏度的增加意味着纺丝时同一时间更多的大分子链缠结在一起，从而纤维直径越大，这与之前的研究报道结果相符[23]。

二、对 PMMA 溶液流变特性的影响

通常情况下，溶液性能决定了所获纤维的形貌。为了更好地了解图5-2-1中反常的纤维直径变化情况，研究了溶液的流变性能和溶液中PMMA的形貌特点。图5-2-2所示为DMAC/ACE质量比分别为10：0、8：2、6：4、5：5、4：6、2：8和0：10时PMMA溶液的流变特性。由图可知，DMAC/ACE质量比从10：0到4：6，溶液黏度是逐渐且平稳地增加，但2：8和0：10相比于10：0到4：6却有大幅的提高。此外，2：8和0：10展现出在低剪切速率下的剪切增稠现象，而10：0到4：6展现出在高剪切速率下的剪切增稠现象。可以推断出，在剪切过程中，大分子链的重新组装和相互缠结导致了黏弹性的增加，从而出现了剪切增稠现象。

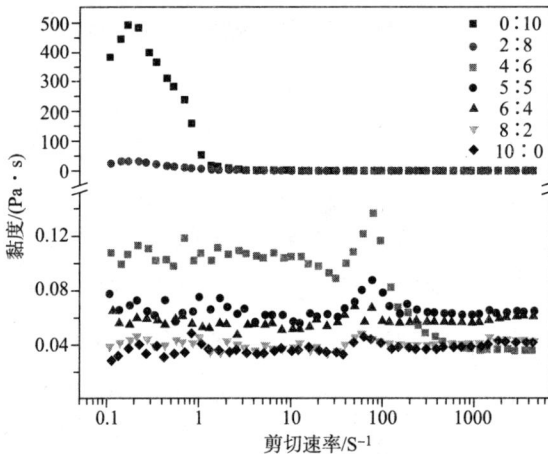

图 5-2-2　不同 DMAC/ACE 质量比下 PMMA 溶液的流变特性

流变特性是溶液中大分子链缠结状态的宏观反应。为此，本研究特意考察了PMMA在溶液中的形貌特点。由图5-2-3可以看到，在DMAC/ACE质量比为2：8溶液中，圆形的PMMA聚集缠结在一起且形成了特定的形状，而在DMAC/ACE质量比为6：4溶液中相对较小的尺寸的PMMA相互分

散开来。可知，DMAC/ACE质量比为2∶8溶液中由于更多大分子链的相互缠结展现出较高的黏度。自然地，更小尺寸、更少的大分子链相互缠结导致4∶6的溶液展现出低的溶液黏度。

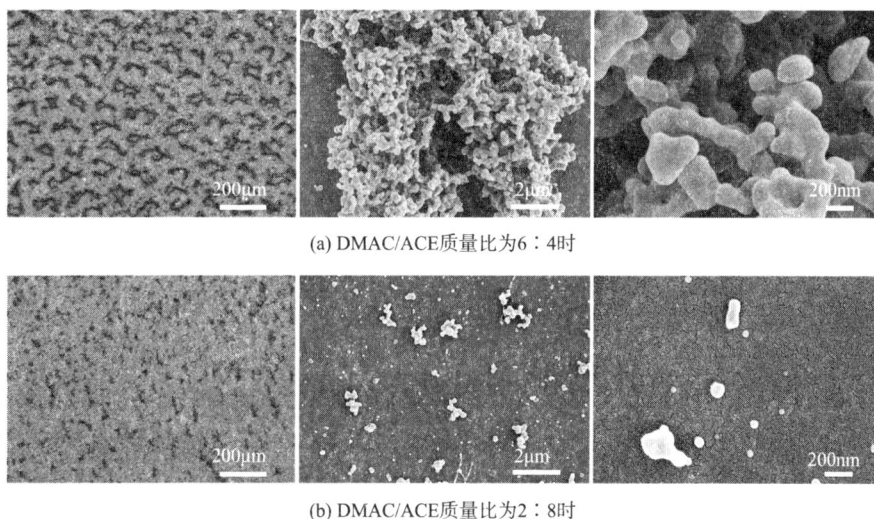

(a) DMAC/ACE质量比为6∶4时

(b) DMAC/ACE质量比为2∶8时

图5-2-3　PMMA 在 DMAC/ACE 质量比为 6∶4 和 2∶8 溶液中的形貌图

溶液黏度的变化与PMMA和溶剂之间的溶解度参数的关系是一致的。众所周知，溶解度参数表示聚合物在溶剂里溶解的程度。而聚合物在溶剂里的溶解程度是由两者之间的溶解度参数之差Ra决定的[20]。根据表5-2-1，PMMA和DMAC的Ra是小于PMMA和ACE之间的Ra的。这意味着相对于ACE，DMAC对于PMMA有更好的溶解性，是PMMA的"良溶剂"。"良溶剂"意味着在溶液中PMMA有更少的分子链之间的缠结和聚集。因此，导致了低的溶液黏度和小直径的PMMA纤维。相反地，"差溶剂"意味着PMMA大分子链在溶液中更多地缠结和聚集，在剪切过程中的阻力更大，因而表现出更高的溶液黏度并得到更大直径的PMMA纤维。

表 5-2-1　DMAC 和 ACE 的性能比较

材料	沸点 / ℃	电导率 / （μs/cm）	表面张力 / （mN/m）	δ_d/ Mpa$^{0.5}$	δ_p/ Mpa$^{0.5}$	δ_h/ Mpa$^{0.5}$	δ_t/ Mpa$^{0.5[20]}$	Ra
DMAC	166	0.5	25.3	16.8	11.5	10.2	22.1	4.6
ACE	56.5	0.058	24.0	15.5	10.4	7.0	20.1	6.2
PMMA	—	—	—	18.6	10.5	7.5	22.7	—

注　其中 δ_t 为总的溶解度参数，$\delta_t^2 = \delta_d^2 + \delta_p^2 + \delta_h^2$。

三、对 PMMA 纳米纤维膜润湿特性的影响

1.12%浓度下PMMA纤维膜润湿特性

特殊的材料表面会展现出特别的润湿性能。由图5-2-4可知，随着DMAC/ACE质量比由6：4到0：10的变化，静电纺PMMA纳米纤维膜的水接触角呈现出从153.9°到129.8°的下降趋势。纤维的表面形貌和纤维直径是影响纤维膜润湿性能的两个主要因素。一般来说，由于小直径的纤维膜捕捉的空气量少，因而水接触角会比较小。然而，在本实验中，PMMA纤维膜展现出分层次的微/纳米粗糙结构。尤其是在DMAC/ACE质量比为6：4时，纤维表面展现出80~420nm的脊梁。这种分层次的微/纳米结构与大自然中银泽菊叶的表面结构十分类似，而银泽菊叶的褶皱的纤维表面有自清洁性能。Cassie和Baxter定律指出材料的超疏水特性与材料表面和水的接触面积有关，也就是说，越少的接触面积时，水接触角越大[24]。分层次的微/纳米结构赋予PMMA纤维极粗糙的表面，这就意味着纤维表面和水的接触面积比较小，因此表现出超疏水特性，水接触角达到153.9°〔图5-2-4（c）〕。自然地，相对光滑的纤维表面（0：10）水接触角会比较小，为129.8°。与电纺膜相比，铸膜法PMMA膜表现出更小的水接触角。如图5-2-5所示，所有DMAC/ACE质量比下的PMMA膜的水接触角小于107°。进一步证明了静电纺PMMA纤维膜表面粗糙结构的存在和制备超疏水材料的优势。此外，静电纺PMMA纤维膜不仅表现出超疏水特性还表现出超亲油特性〔图5-2-4（e）〕。这种超疏水/超亲油特性的纤维膜在油水分离中具有潜在的应用价值。

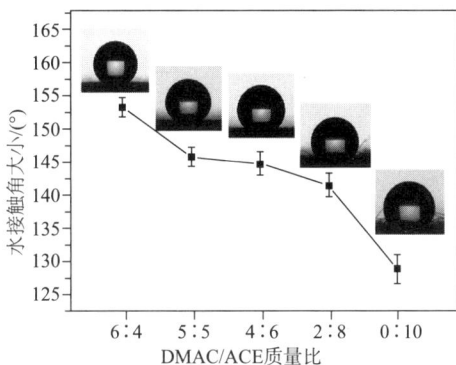

(a) 不同DMAC/ACE质量比下的PMMA纤维膜水接触角

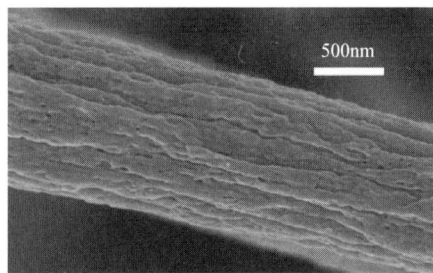

(b) PMMA纤维形貌(6∶4)

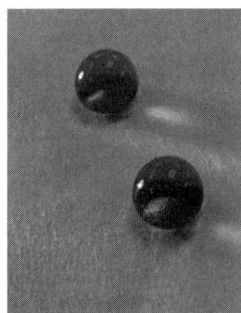

(c) 水滴在纤维膜
上光学图片(6∶4)

(d) PMMA纤维
膜水接触角和
油接触角(6∶4)

图 5-2-4　不同 DMAC/ACE 质量比下纤维膜润湿特性

2.14%浓度下PMMA纤维膜润湿特性

为了验证此方法的可行性，在纺丝液浓度为14%的情况下制备了三种DMAC/ACE质量比的PMMA纤维膜（图5-2-6）。与12%浓度相比，14%浓度下，PMMA纤维膜展现出相似的特点。在6∶4情况下，出现褶

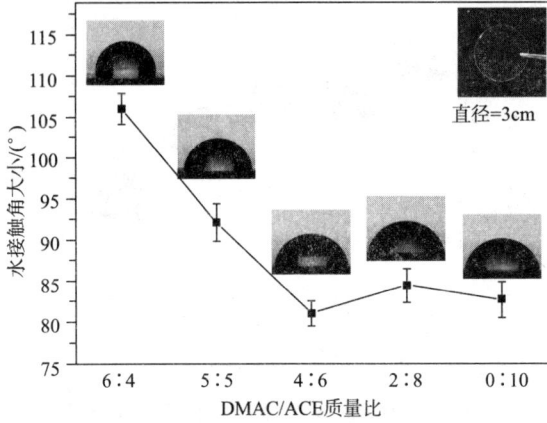

图 5-2-5　不同 DMAC/ACE 质量比下 PMMA 膜的水接触角情况

皱结构的纤维表面和小直径的PMMA纤维（2.3μm±0.44μm）。但是4∶6
和0∶10则为相对光滑的纤维表面和大直径的PMMA纤维，直径分别为
4.9μm±0.45μm和8.4μm±0.63μm。同样地，在6∶4情况下，PMMA微/纳
米的粗糙结构意味着水和纤维膜的接触面积比较小，因而表现出超疏水
特性（151.3°）。而相对光滑的纤维表面水的接触角则比较小，分别为

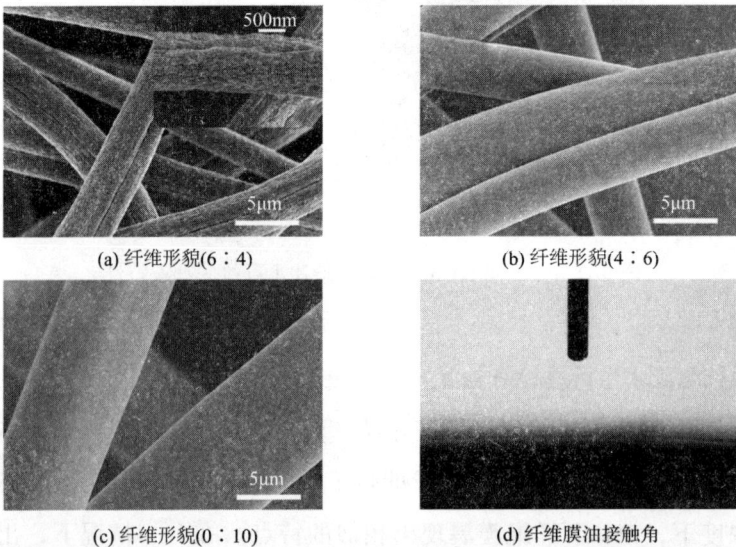

(a) 纤维形貌(6∶4)

(b) 纤维形貌(4∶6)

(c) 纤维形貌(0∶10)

(d) 纤维膜油接触角

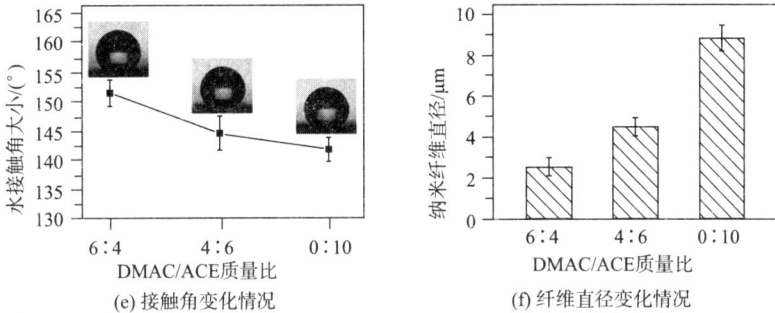

(e) 接触角变化情况　　　　　　　　(f) 纤维直径变化情况

图 5-2-6　DMAC/ACE 质量比为 6 : 4、4 : 6 和 0 : 10 下
PMMA 纤维膜形貌和润湿特性

144.5°（4 : 6）和141.7°（0 : 10）。这进一步表现出二元溶剂的比例会影响纤维的表面形貌和纤维直径。值得注意的是，在14%情况下，特别是DMAC/ACE质量比为0 : 10时，由于溶液黏度比较大，纺丝过程不易进行。

虽然制备出PMMA超疏水纤维，但PMMA纤维膜的力学性能比较差。为此，选用力学性能和耐化学稳定性比较好的PVDF-HFP来制备超疏水纤维膜，并且应用在油水分离中。

第三节　粗糙表面 PVDF-HFP 纳米纤维及其应用

一、二元溶剂比例对粗糙表面 PVDF-HFP 纳米纤维的影响

1.不同纺丝浓度下，二元溶剂比例对PVDF-HFP纳米纤维形貌和直径的影响

（1）纺丝浓度为10%时，二元溶剂比例对PVDF-HFP纳米纤维形貌和直径的影响。

采用同样的方法，本文考察了不同DMF/ACE质量比对纤维的表面形貌和直径的影响。纺丝过程中，DMF为难挥发溶剂，ACE为易挥发溶剂，纺丝温湿度分别为25℃±2℃和50%±2%。由图5-3-1可以看到：①纤维

形貌从珠纤维变化为全部纤维；②纤维直径逐渐增大。再一次证明，在同样的纺丝浓度下，改变二元溶剂的比例可以得到直径变化的纤维（从95nm到281nm）。然而，在此纺丝条件下，纤维均表现为光滑的纤维表面。这可能是由于纤维的直径太小的原因，因为在得到特殊形貌的纤维表面时，纤维的直径一般比较大，基本上都在微米级别[25]。值得说明的

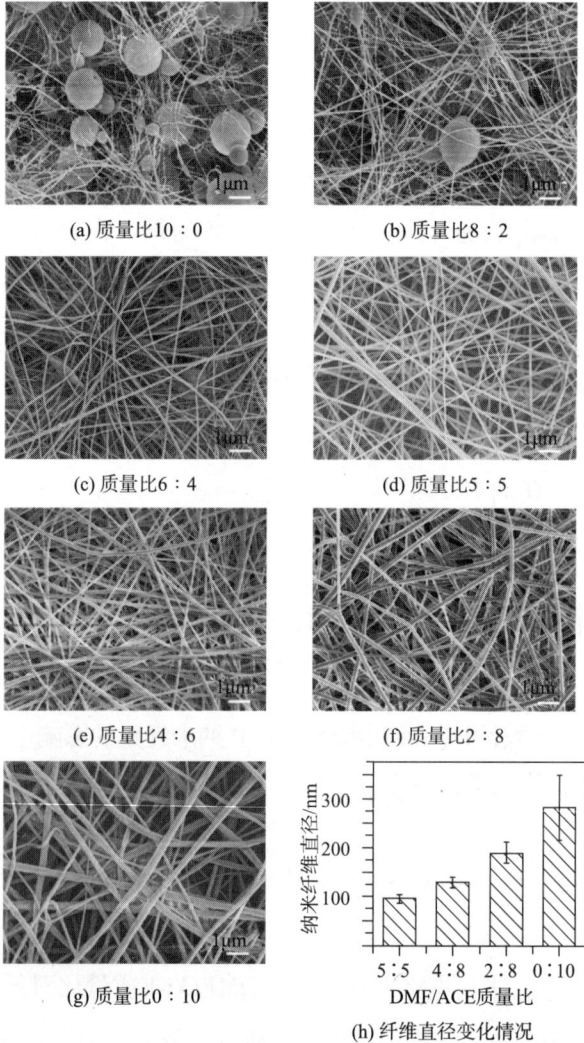

(a) 质量比10：0

(b) 质量比8：2

(c) 质量比6：4

(d) 质量比5：5

(e) 质量比4：6

(f) 质量比2：8

(g) 质量比0：10

(h) 纤维直径变化情况

图 5-3-1 不同 DMF/ACE 质量比下 PVDF-HFP 纤维形貌和纤维直径（浓度 10%）

是，小直径的PVDF-HFP纳米纤维膜为我们以后制备小孔径的纳米纤维膜奠定了基础。

（2）纺丝浓度为20%时，二元溶剂比例对PVDF-HFP纳米纤维形貌和直径的影响。

为了得到特殊形貌的PVDF-HFP纳米纤维膜，本文进一步考察了在纺丝液浓度为20%时，DMF/ACE质量比对PVDF-HFP纤维形貌和直径的影响。如图5-3-2所示，仍然得到了两种结果：①纤维形貌从珠纤维变化为全部纤维；②纤维直径逐渐增大。直径的变化为322nm到415nm。在10∶0时仍然是珠纤维，而在8∶2时已经是光滑的纤维。相比较10%浓度下纤维的直径，20%浓度下纤维直径的变化并不明显。这可能是由于PVDF-HFP

(a) 质量比10∶0

(b) 质量比8∶2

(c) 质量比6∶4

(d) 质量比5∶5

(e) 质量比4∶6

(f) 质量比2∶8

图 5-3-2

(g) 质量比0∶10

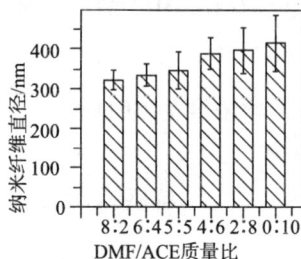

(h) 纤维直径变化情况

图 5-3-2　不同 DMF/ACE 质量比 PVDF-HFP 纤维形貌和纤维直径（浓度 20%）

材料的原因。浓度的变化，没有对溶液的性质造成太大的影响。同时，浓度的变化也没有对纤维的形貌造成很大的影响，得到的仍然是表面光滑的 PVDF-HFP 纳米纤维。

2.二元溶剂比例对 PVDF-HFP 纳米纤维膜润湿特性的影响

纺丝浓度为 20% 时，PVDF-HFP 纳米纤维膜的水接触角大小如图 5-3-3 所示。可以看到，所有的比例条件下，PVDF-HFP 纤维膜的水接触角都在 $144° \sim 150°$。DMF/ACE 质量比为 8∶2 时，接触角为 $145.2° \pm 0.4°$，6∶4 时为 $144.8° \pm 0.3°$，5∶5 时为 $146.2° \pm 0.5°$，4∶6 时为 $144.1° \pm 0.3°$，2∶8 时为 $145.3° \pm 0.3°$，0∶10 时为 $145.2° \pm 0.3°$。虽然

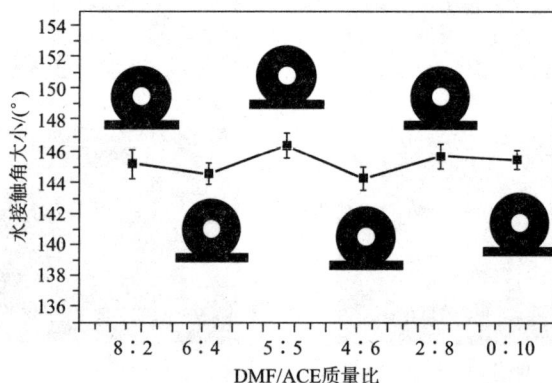

图 5-3-3　纺丝浓度为 20% 时 PVDF-HFP 纳米纤维膜的润湿特性

PVDF-HFP没有表现出特殊的粗糙结构，但材料本身极强的低表面能和纳米纤维膜多孔的特点赋予其比较大的水接触角。此外，随着DMF/ACE质量比的变化，纳米纤维膜的水接触角大小并没有表现出特别的规律。这可能是由于随着DMF/ACE质量比的变化，纳米纤维的直径并没有表现出比较大的差别，最小的为322nm±24nm，而最大的为415nm±70nm。

综上所述，在25℃±2℃、50%±2%条件下，改变纺丝溶液的浓度和二元溶剂的比例并不能得到特殊形貌的PVDF-HFP纳米纤维。

3.不同湿度下，二元溶剂比例对PVDF-HFP纳米纤维直径和形貌的影响

不同湿度下，DMF/ACE质量比分别为10：5、5：5和0：10时的纤维直径见表5-3-1。

表 5-3-1　不同湿度下，DMF/ACE 质量比
分别为 10：0、5：5 和 0：10 时的纤维直径　　　　单位：nm

DMF/ACE 质量比	湿度		
	35%	50%	80%
10：0	—	—	273 ± 43
5：5	167 ± 41	351 ± 38	731 ± 47
0：10	269 ± 58	399 ± 52	749 ± 54

在形成特殊形貌的过程中，湿度的影响是十分关键的[26-30]。为了得到特殊形貌的PVDF-HFP纳米纤维膜和进一步研究湿度对纳米纤维膜表面的影响，考察了不同湿度对DMF/ACE质量比为10：0、5：5和0：10情况下纤维表面形貌的影响。

如图5-3-4所示，对于DMF/ACE质量比为10：0来说，湿度为35%时，得到的纤维有更多的液滴且纤维直径更小；当湿度为50%时，液滴变少且纤维直径增加；当湿度增加到80%时，液滴消失，收集到全是纤维的PVDF-HFP纳米纤维膜（图5-3-4）。可以看出湿度对纤维直径的影响是巨大的。这是因为，在低湿度下，纺丝过程中溶剂快速挥发，因而直径会

比较小；相反地，在高湿度下，溶剂不易挥发出去，且空气中的水汽占据了挥发后的溶剂的位置使纤维固化不再变细，因而纤维直径比较大。然而，当溶剂只有DMF时，并没有出现特殊形貌的PVDF-HFP纳米纤维。

对于DMF/ACE质量比为5∶5来说，当湿度为35%时，纤维直径比较小且纤维表面光滑；当湿度为50%时，得到直径增大的PVDF-HFP纳米纤

(a) DMF/ACE质量比
为10∶0，湿度为35%

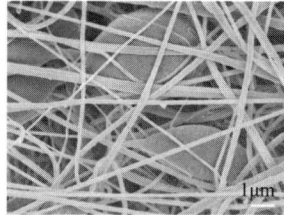

(b) DMF/ACE质量比
为10∶0，湿度为50%

(c) DMF/ACE质量比
为10∶0，湿度为80%

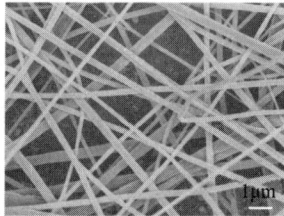

(d) DMF/ACE质量比
为5∶5，湿度为35%

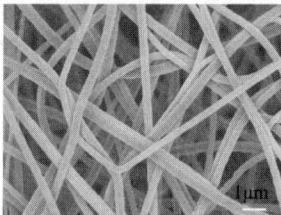

(e) DMF/ACE质量比
为5∶5，湿度为50%

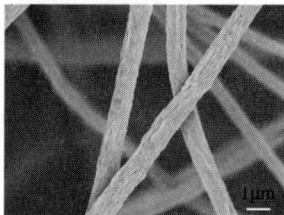

(f) DMF/ACE质量比
为5∶5，湿度为80%

(g) DMF/ACE质量比
为0∶10，湿度为35%

(h) DMF/ACE质量比
为0∶10，湿度为50%

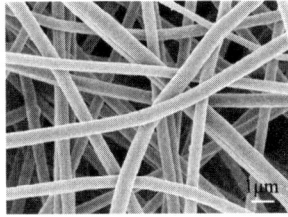

(i) DMF/ACE质量比
为0：10，湿度为80%

图 5-3-4　纺丝浓度为 20% 时，不同湿度条件下 PVDF-HFP 纳米纤维形貌

维；当湿度增加到80%时，纤维直径进一步增大且纤维表面出现了粗糙的褶皱结构，此时纤维的直径达到731nm ± 47nm（表5-3-1），进一步证明了在小直径下不易得到特殊形貌的纳米纤维。也表明湿度对形成粗糙表面结构的重要性，与文献中报道的结果一致。例如，在湿度为60%的情况下，通过静电纺丝得到粗糙表面等规聚丙烯和聚偏氟乙烯纳米纤维（表5-3-2）[32]。在高湿度的情况下，ACE快速挥发导致了热动态不稳和相分离的产生，形成了聚合物相（PVDF-HFP相）和富溶剂相（DMF相）。当DMF进一步挥发，空气中的水汽占据DMF挥发后的位置后纤维固化，形成了褶皱的表面结构。此处，进一步验证了，二元溶剂对形成特殊形貌纳米纤维的重要性。二元溶剂和湿度协同作用对形成粗糙表面结构的影响，文献中也多次报道（表5-3-2）。例如，Liu等[33]调节二元溶剂和湿度得到可调控的粗糙表面聚苯乙烯纳米纤维膜；Yousefi等[34]调节二元溶剂比例和湿度得到褶皱和孔结构并存的醋酸纤维素纳米纤维。表明了二元溶剂和湿度协同作用对形成褶皱或孔结构纳米纤维的重要性。

表 5-3-2　已报道的粗糙表面二级结构制备温湿度参数

材料	二级结构	温湿度条件
聚甲基丙烯酸甲酯[31]	孔或褶皱	湿度38%，单一溶剂（低挥发性）
等规聚丙烯[32]	褶皱和孔	湿度60%，温度200℃
聚偏氟乙烯[32]	孔	湿度60%，温度200℃

材料	二级结构	温湿度条件
醋酯纤维素[34]	孔	湿度60%，二元溶剂（高/低挥发性）
聚苯乙烯[33]	褶皱	湿度60%，二元溶剂（高/低挥发性）
聚甲基硅倍半氧烷[17]	孔	高溶解性/非溶剂（低挥发）
聚甲基丙烯酸甲酯[9]	褶皱	二元溶剂（高/低挥发性）
聚偏氟乙烯—六氟丙烯	褶皱	湿度80%，二元溶剂（高/低挥发性）

对于DMF/ACE质量比为0∶10来说，随着湿度的增大，纤维的直径明显增大，但并没有出现特殊表面形貌的纳米纤维。这可能是，由于ACE的快速挥发，没有另外的溶剂来延缓这种变化，也没有足够的时间来形成聚合物相和富溶剂相，因此，ACE快速挥发后，纤维快速地固化。这也进一步证明了二元溶剂或者说难挥发溶剂的存在对形成特殊形貌纳米纤维的重要性。正如文献中报道的一样，调节二元溶剂比例得到褶皱或孔结构聚甲基硅倍半氧烷[17]和聚甲基丙烯酸甲酯纳米纤维[9]。

二、粗糙表面PVDF-HFP纳米纤维膜性能及其应用表征

1.PVDF-HFP纳米纤维膜的超疏水/超亲油特性

图5-3-5（a）所示，纤维沿轴线方向分布着纳米级别的沟壑，这种结构与银泽菊叶很类似。同样地，与电纺PMMA纤维相似，这种分层次的微/纳米结构使得纤维膜捕捉到更多的空气，纤维膜和水的接触面积会比较小，从而达到超疏水特性。由图5-3-5（b）可以看到，油滴在纤维膜上铺平而液滴则由于纤维膜的超疏水特性站立在纤维膜上。图5-3-5（c）为纳米纤维膜的水接触角，为151.6°。图5-3-5（d）为纳米纤维膜的油接触角，为0°。再一次验证了二元溶剂在制备超疏水纳米纤维膜上的重要性。这种超疏水/超亲油的纳米纤维可以用在油水分离中。

2.二元溶剂下制备沟槽表面纳米纤维的机理分析

纳米纤维形成的过程就是相分离的过程，溶剂挥发，而得到固态的

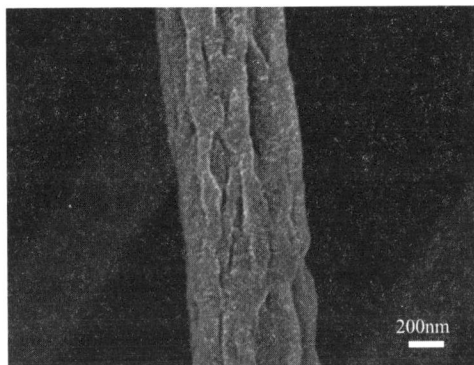

(a) 纤维形貌图

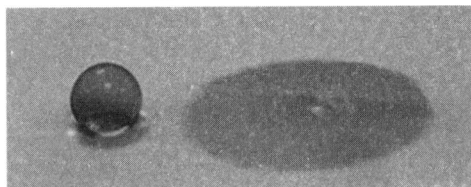

(b) 水滴和油滴在纳米纤维膜上的光学图片

(c) 水接触角大小　　　　　　(d) 油接触角大小

图 5-3-5　纺丝浓度 20%、湿度 80% 条件下纤维形貌与润湿特性

纳米纤维。要形成特殊表面形貌的纳米纤维就需要特殊的纺丝条件。而二元溶剂和湿度则是影响形成特殊表面形貌纳米纤维的两个关键纺丝参数。本章基于前人的研究和制备褶皱表面PMMA、PVDF-HFP纳米纤维的基础上，提出制备褶皱表面纳米纤维的机理或原因如下。

（1）纺丝液射流快速牵伸细化的过程中，低沸点溶剂（如ACE）先挥发。ACE的损失和温度的减小造成了射流热动态不稳的发生。射流开始分为不同的相：聚合物相（PMMA/PVDF-HFP）和溶剂相（DMAC/DMF）。随着DMAC或者DMF的进一步挥发，DMAC相的地方被空气中的水汽占领，被水汽占领的地方聚合物会发生固化形成沟壑，而聚合物相则形成脊梁（图5-3-6）。

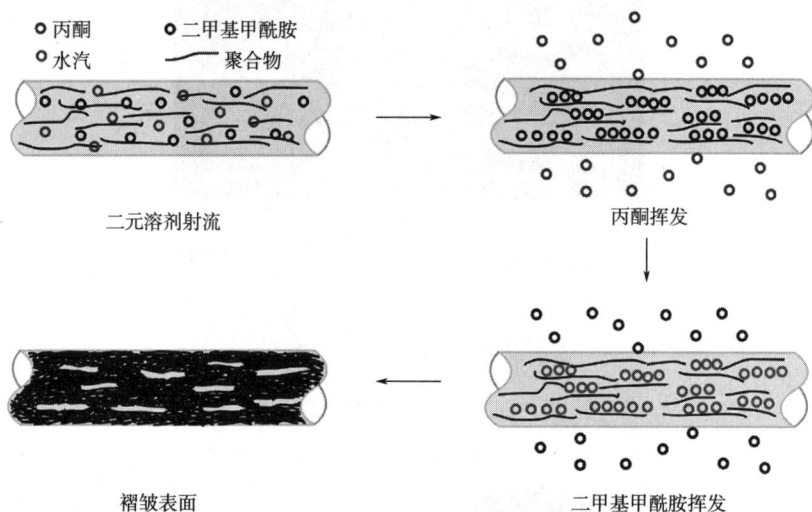

图 5-3-6　二元溶剂与高湿度条件下制备褶皱表面纳米纤维机理示意图

（2）在纺丝过程中，射流本身的弯曲不稳会加剧相分离的发生，同时射流的牵伸会导致沟槽沿着纤维轴向分布，最终形成了分层次结构的褶皱表面PMMA纤维和PVDF-HFP纳米纤维。

由以上分析可知，低沸点、高沸点二元溶剂和湿度是形成褶皱表面纳米纤维的关键因素。低沸点和高沸点两组分溶剂为形成富溶剂相/富溶质相提供了缓冲时间。换句话说就是，只有低沸点溶剂的话，溶剂快速地挥发导致纤维快速固化，而更倾向于形成表面光滑的纤维；只有高沸点的话，溶剂挥发速度、纤维固化速度都相对较慢，而水汽有相对充分的时间均匀地作用于纺丝液射流，因此也倾向于形成表面光滑的纤维。当低沸点和高沸点二元溶剂下作用形成富溶剂相/富溶质相后，在足够的水汽（高湿度）下，被水汽占据的聚合物部分固化，才更容易得到表面粗糙的纳米纤维。值得注意的是，二元溶剂挥发和水汽占领射流空间不是绝对的有先有后，它们可能是交叉进行的动态过程，只是在某个阶段其中的一种变化占主导地位。

3.PMMA纤维膜和PVDF-HFP纳米纤维膜的力学性能

材料要想在实际的油水分离中应用，不仅要具备超疏水/超亲油特性，还要有比较强的力学性能。为此，分别考察了PMMA纤维膜（溶液浓度为12%，DMAC/ACE质量比为6∶4）和PVDF-HFP纤维膜（溶液浓度为20%，湿度为80%，DMF/ACE质量比为5∶5）的力学性能。如图5-3-7所示，PMMA断裂强力为0.59MPa，而断裂伸长率为44.1%。实际上，纺出的PMMA纤维膜由于纤维直径比较大，超疏水的特性，纤维间的抱合力非常差，纤维膜看起来非常蓬松。相比而言，PVDF-HFP有较好的力学性能，断裂强力为6.79MPa，而断裂伸长率达到136.8%。作为对比，文献中报道的纳米纤维膜的断裂强力一般为0.1MPa到10MPa[31-36]。

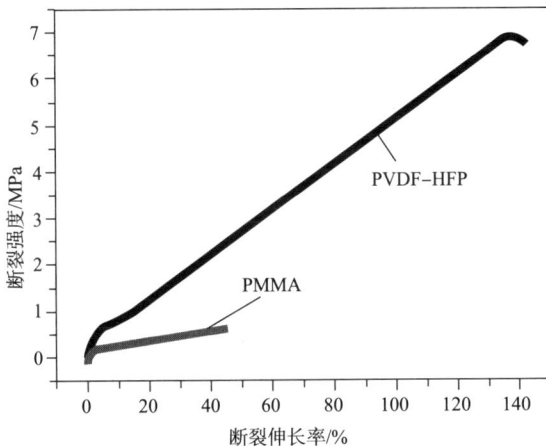

图 5-3-7　PMMA 纤维膜和 PVDF-HFP 纳米纤维膜的力学性能

例如，丝素纳米纤维膜断裂强力分别为3.91MPa[35]和3.45MPa[36]，聚乳酸纳米纤维膜断裂强力为0.97MPa[37]，聚己内酯纳米纤维膜断裂强力为2.15MPa[38]，聚丙烯腈纳米纤维膜断裂强力分别为6.51MPa[39]，4.3MPa[40]和3.8MPa[41]，聚苯乙烯纳米纤维膜断裂强力为1.5MPa[42]，聚偏氟乙烯纳米纤维膜断裂强力分别为2.2MPa[43]和2.97MPa[44]（表5-3-3）。而且，已报道的纳米纤维膜断裂伸长率较差，一般低于50%。可以看出，PVDF-HFP纳米纤维膜具有较好的力学性能，在断裂强力和断裂伸长率两种性能之间取得了较好的平衡，为PVDF-HFP纳米纤维膜在油水分离中的应用奠定基础。

表5-3-3　已报道的纳米纤维膜力学性能统计

材料	断裂强力 /MPa	断裂伸长率 /%
丝素蛋白 1[35]	3.91	3.75
丝素蛋白 2[36]	3.45	1
聚乳酸 [37]	0.95	37
聚己内酯[38]	2.15	140
聚丙烯腈 1[39]	6.51	16.5
聚丙烯腈 2[40]	4.3	9
聚丙烯腈 3[41]	3.8	45
聚苯乙烯[42]	1.5	14
聚偏氟乙烯 1[43]	2.2	40
聚偏氟乙烯 2[44]	2.97	50
聚偏氟乙烯—六氟丙烯	6.79	136.8

4.PVDF-HFP纳米纤维膜在油水分离中的应用

超疏水/超亲油纳米纤维膜被广泛地应用在油水分离中[45-50]。例如，Yuan等[51]利用静电纺丝技术制备PVDF/石墨烯纳米纤维膜来分离乳化的油水混合物；Song等[52]利用静电纺制备超疏水/超亲油纳米纤维膜并用于油水分离。如图5-3-8所示，在当前条件下制备的纳米纤维膜孔径比较大，因此PVDF-HFP纳米纤维膜用来分离浮油或油水混合物。由于纤维膜的超疏水/超亲油特性，分离过程中，因为膜的亲油性特点而渗透到接收瓶里。而由于PVDF-HFP纳米纤维膜的超疏水特性，水被排斥在纳米纤维

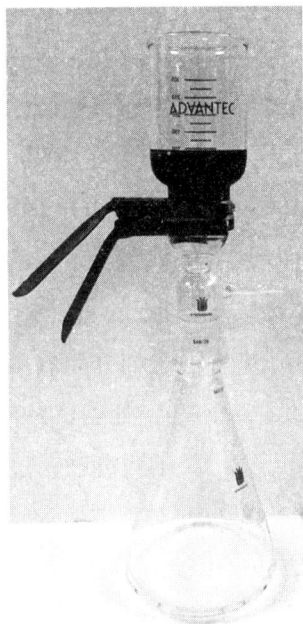

(a) 过滤装置图

(b) 水(亚甲基蓝染色)和油
各100mL盛装在两个烧杯里

(c) 裁剪后纤维膜光学图片
(直径为4cm)

(d) 分离后的油和水

图 5-3-8　PVDF-HFP 纤维膜油水分离特性

膜的上表面部分而留在过滤杯中。可以看出，这种方法简单易行，并且纤维膜可以反复使用。

所得的PVDF-HFP纳米纤维膜显示出超疏水性、超亲油性和良好的力学性能，表明其在油水分离方面的潜在应用[53-57]。油水分离性能如图5-3-9所示，过滤过程中，使用直径为4cm［图5-3-9（a）］、厚度为80μm±1.5μm的PVDF-HFP纳米纤维膜，不同的油水混合物仅靠重力分离。分离过程中，水相由于纳米纤维膜的超疏水性而被排斥，而油相由于膜的超亲油性而渗透到瓶子中。通量和分离效率如图5-3-9（b）所示。正己烷的通量为2936L/m²h±98L/m²h，分离率为99.61%。正己烷的较低黏度有助于提高其过滤通量[58]；对于润滑油，过滤通量和分离效率分别为1258L/m²h±59L/m²h和99.82%；对于橄榄油，通量和分离效率分别为1123L/m²h±64L/m²h和99.73%。因此，该PVDF-HFP纳米纤维膜对三种油相的分离效率均高于99.60%，且具备较好的过滤通量，表明油水混合物分离性能良好。

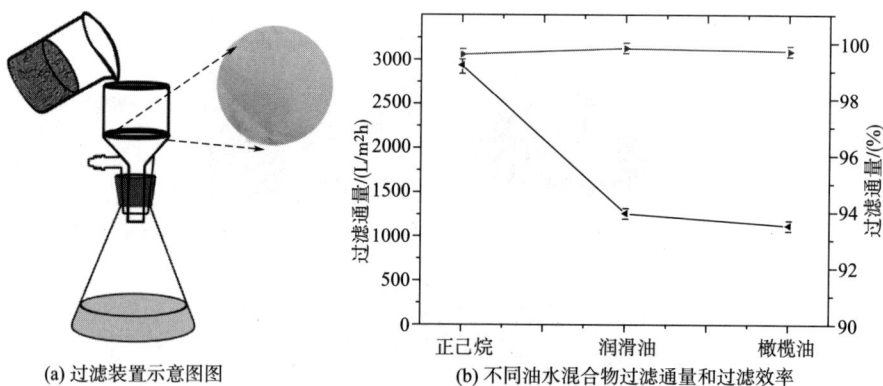

(a) 过滤装置示意图图

(b) 不同油水混合物过滤通量和过滤效率

图5-3-9　PVDF-HFP纤维膜油水分离效果

5.超疏水纳米纤维膜在油水分离应用中的局限性

虽然超疏水纳米纤维膜被广泛应用于油水分离应用中，然而，由于大多数的油介质的密度都小于水，因而油水混合物往往会形成分层现象。

如图5-3-10所示，油由于密度小而在上方，水由于密度大而在下面。因此，在油和水之间形成了一层水的界面[59-65]。而超疏水/超亲油纳米纤维膜过滤油水混合物时，由于亲油特性，只有油相才能透过滤膜。然而，由于滤膜和油之间有一层水相的存在，会阻碍油相透过滤膜。在实际的过滤过程中，需要反复多次的过滤才能有比较好的效果。而在过滤后的水相中往往会残留一些油相。因此，超疏水/超亲油纳米纤维膜在油水分离中的应用的发展受到了限制。研究者把目光更多地转为超亲水纳米纤维膜在油水分离中的应用。

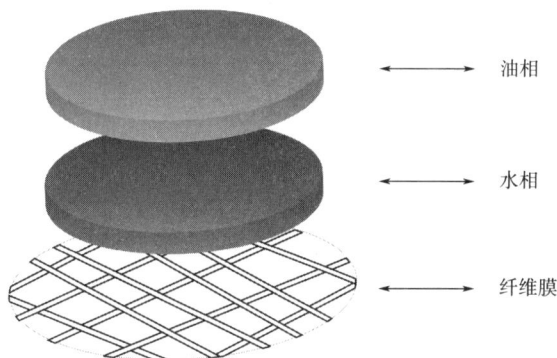

油相

水相

纤维膜

图 5-3-10　油水分离过程示意图

本章小结

本章着重研究二元溶剂对纤维表面形貌和纤维直径的影响，并在此基础上制备出超疏水/超亲油纳米纤维膜，并且应用于油水分离应用中。主要结论如下。

（1）对于静电纺PMMA纤维，改变二元溶剂（高沸点/低沸点溶剂）的比例可以得到超疏水/超亲油纤维膜。对于静电纺PVDF-HFP纳米纤维，改变二元溶剂（高沸点/低沸点溶剂）的比例且只有在高湿度下才可以得到超疏水/超亲油纳米纤维膜。

（2）不同沸点二元溶剂和高湿度是形成分层次结构沟槽表面纳米纤维的关键参数。

（3）相比于PMMA纤维膜，PVDF-HFP纳米纤维膜具有更好的力学性能。

（4）超疏水/超亲油纳米纤维膜可以用在油水分离应用中，但是在油水分离应用中仍有局限性。

参考文献

［1］DAS S，KUMAR S，SAMAL S K，et al. Areview on superhydrophobic polymer nanocoatings：Recent development and applications［J］. Industrial & Engineering Chemistry Research，2018，57（8）：2727-2745.

［2］HOU W，SHEN Y，TAO J，et al. Anti-icing performance of the superhydrophobic surface with micro-cubic array structures fabricated by plasma etching［J］. Colloids and Surfaces A：Physicochemical and Engineering Aspects，2020，586：124180.

［3］REZAEI S，MANOUCHERI I，MORADIAN R，et al. One-step chemical vapor deposition and modification of silica nanoparticles at the lowest possible temperature and superhydrophobic surface fabrication［J］. Chemical Engineering Journal，2014，252：11-16.

［4］CZYZYK S，DOTAN A，DODIUK H，et al. Processing effects on the kinetics morphology and properties of hybrid sol-gel superhydrophobic coatings［J］. Progress in Organic Coatings，2020，140：105501.

［5］RAO AV，LATTHE S S，MAHADIK S A，et al. Mechanically stable and corrosion resistant superhydrophobic sol-gel coatings on copper substrate［J］. Applied Surface Science，2011，257（13）：5772-5776.

［6］ZHAO Y, XU J B, ZHAN J, et al. Electrodeposited superhydrophobic mesoporous silica films co-embedded with template and corrosion inhibitor for active corrosion protection［J］. Applied Surface Science, 2020, 508: 145242.

［7］ROACH P, SHIRTCLIFFE N J, NEWTON M I. Progess in superhydrophobic surface development［J］. Soft matter, 2008, 4（2）: 224-240.

［8］JIANG S, MENG X, CHEN B, et al. Electrospinning superhydrophobic-superoleophilic PVDF-SiO$_2$ nanofibers membrane for oil-water separation［J］. Journal of Applied Polymer Science, 2020, 137（47）: 49546.

［9］LIU Z, ZHAO J H, LIU P, et al. Tunable surface morphology of electrospun PMMA fiber using binary solvent［J］. Applied Surface Science, 2016, 364: 516-521.

［10］SU Q, ZHANG J, ZHANG L Z. Fouling resistance improvement with a new superhydrophobic electrospun PVDF membrane for seawater desalination［J］. Desalination, 2020, 476: 114246.

［11］ZHU Y, ZHANG J, ZHENG Y, et al. Stable, superhydrophobic, and conductive polyaniline/polystyrene films for corrosive environments［J］. Advanced Functional Materials, 2006, 16（4）: 568-574.

［12］YOON Y I, MOON H S, LYOO W S, et al. Superhydrophobicity of PHBV fibrous surface with bead-on-string structure［J］. Journal of Colloid and Interface Science, 2008, 320（1）: 91-95.

［13］LIN J, CAI Y, WANG X, et al. Fabrication of biomimetic superhydrophobic surfaces inspired by lotus leaf and silverragwort leaf［J］. Nanoscale, 2011, 3（3）: 1258-1262.

［14］LIM J M, YI G R, MOON J H, et al. Super hydrophobic films of electrospun fibers with multiple-scale surface morphology［J］.

Langmuir, 2007, 23（15）: 7981-7989.

[15] TAI M H, GAO P, TAN B Y. et al. Highly efficient and flexible electrospun carbon-silica nanofibrous membrane for ultrafast gravity-driven oil-water separation［J］. ACS Applied Materials & Interfaces, 2014, 6（12）: 9393-9401.

[16] BOGNITZKI M, CZADO W, FRESE T, et al. Nanostructured fibers via electrospinning［J］. Advanced Materials, 2001, 13（1）: 70-72.

[17] LUO C J, NANGREJO M, EDIRISINGHE M. A novel method of selecting solvents for polymer electrospinning［J］. Polymer, 2010, 51（7）: 1654-1662.

[18] MIYAUCHI Y, DING B, SHIRATORI S. Fabrication of a silver-ragwort-leaf-like super-hydrophobic micro/nanoporous fibrous mat surface by electrospinning［J］. Nanotechnology, 2006, 17（20）: 5151.

[19] QI Z, YU H, CHEN Y, et al. Highly porous fibers prepared by electrospinning a ternary system of nonsolvent/solvent/poly（l-lactic acid）［J］. Materials Letters, 2009, 63（3）: 415-418.

[20] LIU J, LIU T, KUMAR S. Effect of solvent solubility parameter on SWNT dispersion in PMMA［J］. Polymer, 2005, 46（10）: 3419-3424.

[21] ANGEL N, GUO L, YAN F, et al. Effect of processing parameters on the electrospinning of cellulose acetate studied by response surface methodology［J］. Journal of Agriculture and Food Research, 2020, 2: 100015.

[22] FENG S, HOU Y, CHEN Y, et al. Water-assisted fabrication of porous bead-on-string fibers［J］. Journal of Materials Chemistry A, 2013, 1（29）: 8363-8366.

[23] FONG H, CHUN I, RENEKER D H. Beaded nanofibers formed during electrospinning［J］. Polymer, 1999, 40（16）: 4585-4592.

[24] MCHALE G, SHIRTCLIFFE N J, NEWTON M I. Contact-angle

hysteresis on super–hydrophobic surfaces[J]. Langmuir, 2004, 20(23): 10146–10149.

[25] CHENG J, HUANG Q, HUANG Y, et al. Study on a novel PTFE membrane with regular geometric pore structures fabricated by near–field electrospinning, and its applications [J]. Journal of Membrane Science, 2020, 603: 118014.

[26] RAMOS C, LANNO G M, LAIDMÄE I, et al. High humidity electrospinning of porous fibers for tuning the release of drug delivery systems [J]. International Journal of Polymeric Materials and Polymeric Biomaterials, 2020: 1–13.

[27] ZAAROUR B, ZHU L, HUANG C, et al. Controlling the secondary surface morphology of electrospun PVDF nanofibers by regulating the solvent and relative humidity [J]. Nanoscale Research Letters, 2018, 13 (1): 1–11.

[28] FOSTER L J, CHAN R T, RUSSELL R A, et al. Using humidity to control the morphology and properties of electrospun BioPEGylated polyhydroxybutyrate scaffolds [J]. ACS omega, 2020, 5 (41): 26476–26485.

[29] ŞIMŞEK M.Tuning surface texture of electrospun polycaprolactone fibers: Effects of solvent systems and relative humidity [J]. Journal of Materials Research, 2020, 35 (3): 332–342.

[30] LIANG M, HÉBRAUD A, SCHLATTER G. Modeling and on–line measurement of the surface potential of electrospun membranes for the control of the fiber diameter and the pore size [J]. Polymer, 2020, 200: 122576.

[31] LI L, JIANG Z, LI M, et al. Hierarchically structured PMMA fibers fabricated by electrospinning [J]. RSC Advances, 2014, 4 (95): 52973–52985.

［32］YE X Y, LIN F W, HUANG X J, et al. Polymer fibers with hierarchically porous structure : combination of high temperature electrospinning and thermally induced phase separation［J］. RSC Advances, 2013, 3（33）: 13851-13858.

［33］LIU W, HUANG C, JIN X. Tailoring the grooved texture of electrospun polystyrene nanofibers by controlling the solvent system and relative humidity［J］. Nanoscale Research Letters, 2014, 9（1）: 1-10.

［34］YOUSEFI B, GHAREHAGHAJI A A, ASGHARIAN JEDDI A A, et al. The combined effect of wrinkles and noncircular shape of fibers on wetting behavior of electrospun cellulose acetate membranes［J］. Journal of Polymer Science Part B : Polymer Physics, 2018, 56（13）: 1012-1020.

［35］CHEN C Y, HUANG S Y, WAN H Y, et al. Electrospun hydrophobic polyaniline/silk fibroin electrochromic nanofibers with low electrical resistance［J］. Polymers, 2020, 12（9）: 2102.

［36］SINGH B N, PANDA N N, PRAMANIK K. A novel electrospinning approach to fabricate high strength aqueous silk fibroin nanofibers［J］. International Journal of Biological Macromolecules, 2016, 87: 201-207.

［37］YEO J C C, ONG X Y, KOH J J, et al. Dual-Phase Poly（lactic acid）/Poly（hydroxybutyrate）-Rubber Copolymer as High-Performance Shape Memory Materials［J］. ACS Applied Polymer Materials, 2020, 3（1）: 389-399.

［38］MIELE D, CATENACCI L, ROSSI S, et al. Collagen/PCL nanofibers electrospun in green solvent by DOE assisted process［J］. An insight into collagen contribution. Materials, 2020, 13（21）: 4698.

［39］LI X, CHEN S, XIA Z, Et al. High performance of boehmite/polyacrylonitrile composite nanofiber membrane for polymer lithium-ion battery［J］. RSC Advances, 2020, 10（46）: 27492-27501.

［40］HOU J，YUN J，BYUN H. Fabrication and characterization of modified graphene oxide/PAN hybrid nanofiber membrane［J］. Membranes，2019，9（9）：122.

［41］CAROL P，RAMAKRISHNAN P，JOHN B，et al. Preparation and characterization of electrospun poly（acrylonitrile）fibrous membrane based gel polymer electrolytes for lithium−ion batteries［J］. Journal of Power Sources，2011，196（23）：10156−10162.

［42］HUAN S，LIU G，HAN G，et al. Effect of experimental parameters on morphological，mechanical and hydrophobic properties of electrospun polystyrene fibers［J］. Materials，2015，8（5）：2718−2734.

［43］YANILMAZ M，CHEN C，ZHANG X. Fabrication and characterization of SiO_2/PVDF composite nanofiber−coated PP nonwoven separators for lithium−ion batteries［J］. Journal of Polymer Science Part B：Polymer Physics，2013，51（23）：1719−1726.

［44］SHEN X L，LI Z J，DENG N P，et al. A leaf−vein−like MnO_2@ PVDF nanofiber gel polymer electrolyte matrix for Li−ion capacitor with excellent thermal stability and improved cyclability［J］. Chemical Engineering Journal，2020，387：124058.

［45］HUO L，LUO J，HUANG X，et al. Superhydrophobic and anti−ultraviolet polymer nanofiber composite with excellent stretchability and durability for efficient oil/water separation［J］. Colloids and Surfaces A：Physicochemical and Engineering Aspects，2020，603：125224.

［46］JIANG S，MENG X，CHEN B，et al. Electrospinning superhydrophobic−superoleophilic PVDF−SiO_2 nanofibers membrane for oil−water separation［J］. Journal of Applied Polymer Science，2020，137（47）：49546.

［47］MA W，DING Y，ZHANG M，et al. Nature−inspired chemistry toward hierarchical superhydrophobic，antibacterial and biocompatible nanofibrous membranes for effective UV–shielding, self–cleaning and oil–water separation [J]. Journal of hazardous materials, 2020, 384: 121476.

[48] EANG C, OPAPRAKASIT P. Electrospun nanofibers with superhydrophobicity derived from degradable polylactide for oil/water separation applications. Journal of Polymers and the Environment, 2020: 1–8.

[49] RONG N, XU Z, ZHAI, et al. Directional, super–hydrophobic cellulose nanofiber/polyvinyl alcohol/montmorillonite aerogels as green absorbents for oil/water separation [J]. IET Nanobiotechnology, 2021, 15 (1): 135–146.

[50] SU Y, FAN T, BAI H, et al. Bioinspired superhydrophobic and superlipophilic nanofiber membrane with pine needle–like structure for efficient gravity–driven oil/water separation [J]. Separation and Purification Technology, 2021: 119098.

[51] YUAN X, LI W, LIU H, et al. A novel PVDF/graphene composite membrane based on electrospun nanofibrous film for oil/water emulsion separation [J]. Composites Communications, 2016, 2: 5–8.

[52] SONG B, XU Q. Highly hydrophobic and superoleophilic nanofibrous mats with controllable pore sizes for efficient oil/water separation [J]. Langmuir, 2016: 32 (39), 9960–9966.

[53] YANG Y, LI Y, CAO L, et al. Electrospun PVDF–SiO$_2$ nanofibrous membranes with enhanced surface roughness for oil–water coalescence separation [J]. Separation and Purification Technology, 2021, 269: 118726.

[54] YANG F, ZHAO X, XUE T, et al. Superhydrophobic polyvinylidene fluoride/polyimide nanofiber composite aerogels for thermal insulation under extremely humid and hot environment [J]. Science China

Materials，2021，64（5）：1267-1277.

［55］KOH E，LEE Y T. Preparation of an omniphobic nanofiber membrane by the self-assembly of hydrophobic nanoparticles for membrane distillation［J］. Separation and Purification Technology，2021，259：118134.

［56］ZHOU W，GONG X，LI Y，et al. Waterborne electrospinning of fluorine-free stretchable nanofiber membranes with waterproof and breathable capabilities for protective textiles. Journal of Colloid and Interface Science，2021，602：105-114.

［57］HUANG Y，SUN Y，LIU H. Fabrication of chitin nanofiber-PDMS composite aerogels from Pickering emulsion templates with potential application in hydrophobic organic contaminant removal［J］. Journal of Hazardous Materials，2021：126475.

［58］XUE C H，LI Y R，HOU J L，et al. Self-roughened superhydrophobic coatings for continuous oil-water separation［J］. Journal of Materials Chemistry A，2015，3（19）：10248-10253.

［59］SHI H，HE Y，PAN Y，et al. A modified mussel-inspired method to fabricate TiO$_2$ decorated superhydrophilic PVDF membrane for oil/water separation［J］. Journal of Membrane Science，2016，506：60-70.

［60］LU J，ZHU X，MIAO X，et al. Photocatalytically active superhydrophilic/superoleophobic coating［J］. ACS omega，2020，5（20）：11448-11454.

［61］CHENG Z，ZHANG D，LUO X，et al. Superwetting shape memory microstructure：Smart wetting control and practical application［J］. Advanced Materials，2021，33（6）：2001718.

［62］SHAKIBA M，NABAVI S R，EMADI H，et al. Development of a superhydrophilic nanofiber membrane for oil/water emulsion separation via modification of polyacrylonitrile/polyaniline composite［J］. Polymers for

Advanced Technologies, 2021, 32 (3): 1301-1316.

[63] OBAID M, BARAKAT N A, FADALI O A., et al. Stable and effective super-hydrophilic polysulfone nanofiber mats for oil/water separation [J]. Polymer, 2015, 72: 125-133.

[64] GUNATILAKE U B, BANDARA J. Efficient removal of oil from oil contaminated water by superhydrophilic and underwater superoleophobic nano/micro structured TiO_2 nanofibers coated mesh [J]. Chemosphere, 2017, 171: 134-141.

[65] LV Y, DING Y, WANG J, et al. Carbonaceous microsphere/nanofiber composite superhydrophilic membrane with enhanced anti-adhesion property towards oil and anionic surfactant : membrane fabrication and applications [J]. Separation and Purification Technology, 2020, 235: 116189.

第六章 可控多射流针盘静电纺制备柔性有机无机核壳结构纳米纤维及其应用

由于水的密度大于油的密度，因此，在滤膜和油之间形成了一层水的界面，从而阻碍了油的渗透。此外，由于亲油特性，这些超疏水材料容易被油相污染。结果造成了通量的下降，降低了过滤效率。因此，超疏水材料对于分离水相较多的油水混合物或者油水乳液是不合适的[1-2]。

从实际应用的角度来说，制备超疏油/超亲水材料来分离油水混合物是最有效的。然而，由于水表面张力大于油表面张力，由杨氏方程可知，疏油表面也会是疏水表面。而且，大多数固体材料的高表面能使得制备超疏油材料变得极其困难。

近年来，受到鱼鳞在水中具有抗润湿特性的启发，一个新的概念——水下疏油应运而生，且成功地制备出超亲水/水下超疏油材料[3]，并成功地用于油水分离。"水下疏油"是指材料在空气中具有超亲水特性，当材料浸没在水中时，由于亲水特性会在材料表面形成一层水的界面，从而达到超疏油特性。

基于这个方法，许多的水下超疏油材料被制备出来[4-7]。之前报道的方法多是聚合物基材料，但是聚合物材料在特殊过滤条件下的稳定性、长期使用后的稳定性和抗污染特性方面存在不足[8]。因此，制备出高分离效率和具有在复杂环境下使用的水下疏油材料仍然是亟待解决的问题。

2013年，江雷课题组在铜网上面通过化学方法制备出Cu（OH）₂纳米线，该材料具备水下超疏油特性，且成功用于油水混合物分离，并具备良好的抗污染特性、抗溶剂和耐碱性等优点[9]。然而，此方法受到金属网孔径大小的限制只能分离油滴尺寸大于5μm的油水乳液。

本章节通过结合静电纺丝法、原位生长法和水热法，成功制备出PVDF-HFP/CuO-nanosheet（P/CuO-nanosheet）纳米纤维膜。该材料具备空气中超亲水特性。本章节的主要内容有：①P/CuO-nanosheet纳米纤维膜制备及其在油水分离中的应用；②P/CuO-nanosheet纳米纤维膜制备及其在微滤中的应用。

第一节　材料和方法

一、主要试剂和材料

主要试剂和材料见表6-1-1。

表 6-1-1　实验所需材料和试剂

材料或试剂	分子量或纯度	厂家或品牌
聚偏氟乙烯-六氟丙烯共聚物（PVDF-HFP）	400000g/mol	苏州亚科科技股份有限公司
N，N-二甲基甲酰胺（DMF）	分析纯	国药集团化学试剂苏州有限公司
丙酮（ACE）	分析纯	国药集团化学试剂苏州有限公司
氨水	分析纯	国药集团化学试剂苏州有限公司
无水醋酸铜［Cu（Ac）₂］	分析纯	阿拉丁
橄榄油	—	市场
食用油	—	市场
润滑油	—	市场

注　所有的材料和试剂在应用时没有经过进一步的处理。

二、主要实验仪器

主要实验仪器见表6-1-2。

表 6-1-2　实验过程中所用装置仪器

装置或仪器	型号	厂家或产地
金属盘	—	自制
高压静电发生器	DW-P403-1ACCC	天津东文高压电器厂
电子天平	CP214	奥豪斯仪器（上海）有限公司
恒温加热磁力搅拌器	DF-101S集热式	巩义市予华仪器有限责任公司
电热恒温干燥箱	DHG-9241A	上海圣欣科学仪器有限公司
除湿机	MS-936B	上海湿美电子有限公司
场发射电子显微镜（FE-SEM）	JEOL 7600F	日本 JEOL 公司
气体渗透法孔径分析仪	Porometer 3G	美国康塔仪器公司
万能材料试验机	INSTRON-3365	美国 INSTRON 公司
液滴润湿性测量仪	Krüss DSA100	德国吕克士公司
智能型傅立叶红外光谱仪	Nicolet 5700	Nicolet USA
X 射线衍射仪	X'Pert-Pro MRD	飞利浦（Philips）公司
热重分析仪（TGA）	TGA 4000	PerkinElmer
光学显微镜	TH4-200	日本奥林巴斯公司
激光粒径仪	Mastersizer-2000	英国马尔文仪器有限公司
过滤装置	—	自制加工

三、实验方法和步骤

1.PVDF-HFP/Cu（Ac）$_2$纳米纤维的制备

基于之前的实验结果，PVDF-HFP溶解于DMF和ACE（质量比为1:1）中，常温搅拌4h。纺丝液浓度定为11%。添加不同质量的Cu（Ac）$_2$于溶解好的溶液中，70℃下搅拌20min，得到最终的纺丝液。接收距离为25cm，纺丝电压为25kV。金属盘参数为：针的数量为24根，针的直径为1.6mm，针的长度为8mm，针盘的旋转速度为25r/min。纺丝过程中，环境温湿度分别为25℃±2℃和50%±2%。经过纺丝过程得到PVDF-HFP/Cu（Ac）₂[P/Cu（Ac）₂]纳米纤维膜。

2.PVDF-HFP/Cu（Ac）₂纳米纤维膜中CuO生长种子的制备

考虑到PVDF-HFP的熔融温度，将得到的PVDF-HFP/Cu（Ac）₂纳米纤维膜放入120℃烘箱中24h。纳米纤维膜在烘箱中发生化学反应。表面的Cu（Ac）₂转化为CuO种子。经过热处理过程得到PVDF-HFP/CuO（P/CuO）纳米纤维膜。

3.CuO生长液的配制

无水醋酸铜溶于去离子水中，常温搅拌得到饱和溶液。然后向醋酸铜水溶液中滴加氨水。滴加过程中，先生成沉淀，最后沉淀消失。继续滴加几滴，使氨水过量。可以看到溶液由透明的浅蓝色变为透明的深蓝色。可以推断出此时的溶液为铜氨溶液。以此作为CuO生长液。

4.P/CuO-nanosheet纳米纤维膜的制备

将表面有CuO种子的纳米纤维膜放入配制好的铜氨溶液中，然后放入烘箱中。调整不同的温度和不同的时间。由于温度的变化，铜氨溶液的平衡被破坏。一系列反应后，在PVDF-HFP纤维表面便生长了CuO-nanosheet纳米纤维膜。

5.P/CuO-nanosheet纳米纤维膜分离油水混合物和油水乳液

油水混合物分离过程中，先把纳米纤维膜润湿，然后固定在过滤装置中。橄榄油和水的混合物倒入过滤装置中，依靠重力来实现油水混合物的分离。油水乳液过滤过程中，橄榄油、食用油和润滑油与水的质量比为1:100。配制好的油水混合溶液先常温下强烈搅拌2h，然后40℃下超声2h，得到油水乳液。油水乳液分离过程中，终端分离装置施加压力为3×10^4Pa（0.3bar）。依靠氮气施加压力，依靠天平称量净化水的质量，并传输到计算机中，计算机自动计数。

6.表征方法

制备的纳米纤维的形貌用FE-SEM表征。表征前喷金60s。为了表征纳米纤维膜的断面，将制备好的纳米纤维膜浸泡在液氮中0.5h，然后在液氮中脆断。喷铂金50s后进行表征。纤维的直径用Image J软件来统计，至少100根纤维参与统计过程，取平均值为纤维的直径。

纳米纤维膜的润湿性能用接触角测量仪测量。测试过程中，水滴为6μL。每个样选择不同的地方测试5次。最后取平均值作为纳米纤维膜最终的接触角大小。为了测试纳米纤维膜的水下疏油特性，纳米纤维膜粘贴在载玻片上，放入水中。滴入6μL三氯甲烷来表征纳米纤维膜的水下疏油特性。每个样选择不同的地方测试5次。最后取平均值作为纳米纤维膜最终的接触角大小。

热处理前后的纳米纤维膜的结构变化用红外光谱仪测定。CuO的生成由X射线衍射仪确定。　　　，

孔隙率在膜的渗透和分离中有很大的影响。膜孔隙率由下式得到[12-13]：

$$孔隙率（\%）= \frac{(W_w - W_d)}{(\rho_w \times V)}$$

式中：W_w为湿态下膜的质量（g）；W_d为干态下膜的质量（g）；ρ_w为室温下水的密度（g/cm^3）；V为湿态下膜的体积（m^3）。

纳米纤维膜的力学性能用材料万能试验机来测量。测试过程中，纳米纤维膜被裁剪为4cm×2cm的矩形纤维膜。夹距为2cm，拉伸速度为0.2mm/s。测试样品的厚度由千分尺来测量。每个样品重复测试3次，取平均值为最后的力学性能。

分离的效果由光学显微镜定性表征。表征过程中，分离前后的液滴分别滴在载玻片上观察并拍照。而且，过滤分离效率由过滤前后油水溶液中油的质量变化定量表征。分离效率由下式得到：

$$分离效率（\%）= 1 - \frac{过滤后溶液中油的质量百分比}{过滤前溶液中油的质量百分比}$$

过滤前后溶液中油的重量百分比由TGA测试得到。TGA测试过程中，取待测液体放入装置中，温度变化范围为室温至110℃，并在110℃下保持1h。残留物百分比即为溶液中油的质量比。

孔径测试过程中，纳米纤维膜裁剪为直径为2.5cm的圆形膜。然后用特定液体润湿纤维膜。当膜受到压力时，最大的孔液膜先破裂。随着压力的增大，所有的孔中液膜最后都破裂，从而得到一个"湿态曲线"。在没有液体的情况下得到的为"干态曲线"。比较"湿态曲线"和"干态曲线"，计算可得到全部的膜孔径和孔径分布。

油水乳液中油滴的粒径由激光粒度仪测得。

第二节　P/CuO-nanosheet 纳米纤维膜制备及其在油水分离中的应用

一、P/CuO-nanosheet 纳米纤维膜制备

1.P/CuO-nanosheet纳米纤维膜制备工艺

PVDF-HFP是结晶的偏二氟乙烯和无定形的六氟丙烯聚合而成，因此具有偏二氟乙烯的高力学强度、优良的耐化学稳定性和无定形六氟丙烯的柔韧性等优点。PVDF-HFP被广泛地用在电化学和水处理应用中[10-11]。因此，本实验选择PVDF-HFP作为基材，使得合成的材料具备良好的力学性能和耐化学稳定性。采用以下三个步骤来制备有机/无机纳米纤维膜（图6-2-1）。

一是电纺工艺。Cu（Ac）$_2$溶解在纺丝液中，通过静电纺丝技术使Cu（Ac）$_2$均匀地分散在PVDF-HFP的内部和表面。文献中多次报道类似的方法来获得无机纳米纤维[12-13]。通过静电纺丝过程，所需的材料均匀地分散在纤维的内部和表面，这是其他方法很难做到的。

二是热处理工艺。通过热处理过程期望可以达到三个效果：①残留在纤维中的溶剂因为热过程会进一步挥发掉；②纤维之间连接性更强，纳米纤维膜内的空间结构会变得更稳定；③表面的醋酸铜因为热处理会形成CuO种子层。

三是水热法过程。添加一定的试剂，配置成CuO生长液。在一定的温

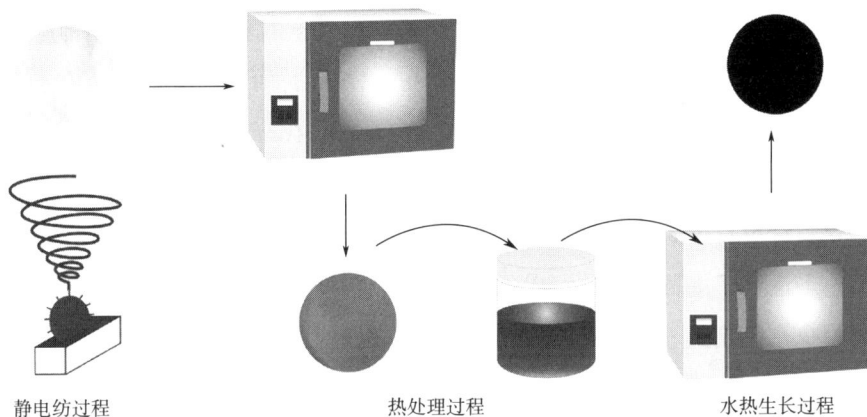

图 6-2-1　P/CuO-nanosheet 纳米纤维膜制备工艺路线图

度、生长液浓度等条件下，沿着PVDF-HFP纳米纤维表面CuO种子层便会生长CuO纳米片。

最后，所得的纳米纤维膜经过去离子水冲洗，在通风橱中干燥备用。

2.P/CuO-nanosheet纳米纤维膜形貌和润湿特性

聚偏氟乙烯因为极小的表面能，因而具有很好的疏水性能。聚偏氟乙烯也被广泛地用于制备超疏水材料。由于超疏水材料在油水分离中应用的局限性，对聚偏氟乙烯的改性报道越来越多，从而使得疏水的聚偏氟乙烯材料变为亲水材料，应用于油水分离。如Sheikh等[14]用原位水热法把亲水性的聚乙烯醇涂层到疏水性的PVDF纳米纤维上，得到了亲水性的PVDF。Liang等[15]通过表面接枝硅纳米颗粒得到超亲水的PVDF膜并应用于超滤中。

如图6-2-2所示，刚纺出来纳米纤维由于Cu（Ac）$_2$的存在表面呈淡蓝色。由FE-SEM图片可知，纤维表面光滑且纤维直径分布比较均匀［图6-2-2（b）］，直径为198nm±24nm［图6-2-3（a）］。光滑的且直径分布均匀的纤维也证明Cu（Ac）$_2$已经溶解在纺丝液中，且均匀地分散在纤维的内部和表面。由杨氏方程可知，疏水材料越粗糙，材料的疏水性越强。由图6-2-2（c）可知，刚纺出来的纳米纤维膜水接触角为145.8°，表现出很好的疏水性能。经过加热过程后，纳米纤维膜变成了暗黄色，证明了材料已经发生了化学变化。由此可推测在此过程后，纳米纤维膜表面的部分Cu（Ac）$_2$已经变为CuO。由FE-SEM图片可以，加热后纤维形貌并没很大变化但是纤维直径减小为161nm±21nm［图6-2-3（b）］。这是由于加热过程中，残留溶剂的挥发使纤维内和纤维间空间结构重新塑化，纤维直径减小。加热后的水接触角为138.3°［图6-2-2（f）］，也进一步证明了表面CuO的生成。由于CuO的亲水性，使得加热后的纳米纤维膜疏水性有所减小。水热法生长后的纳米纤维膜为黑色，且纳米纤维

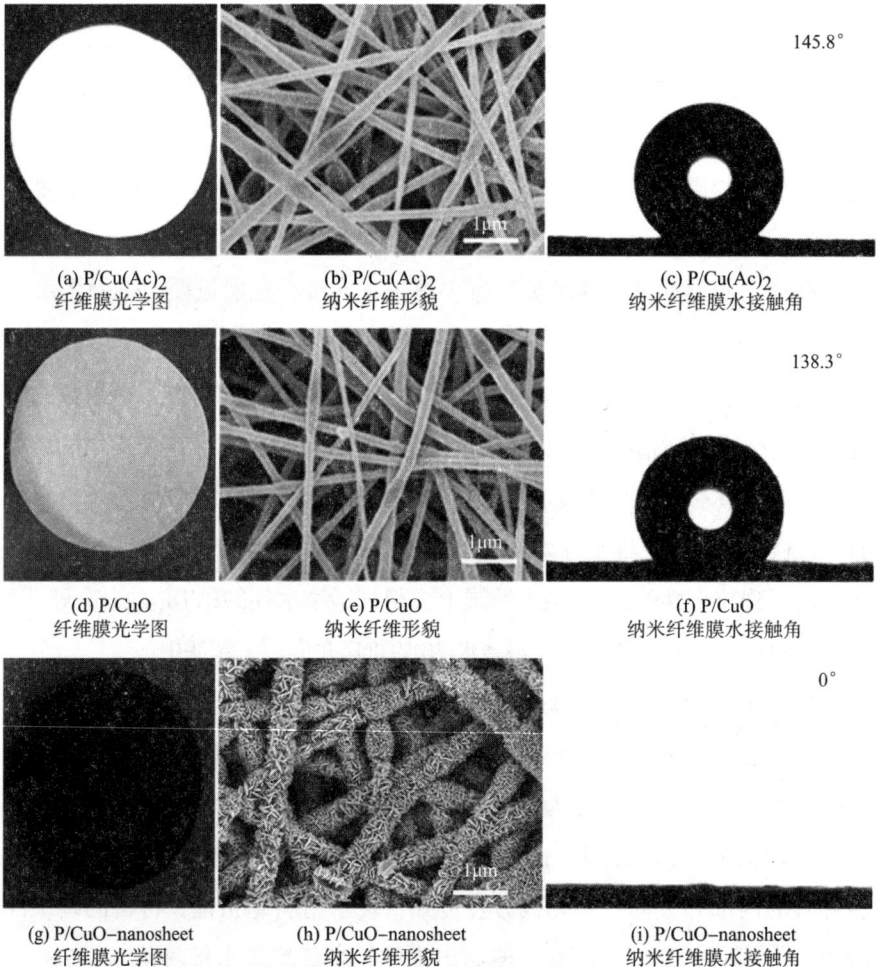

145.8°

(a) P/Cu(Ac)$_2$
纤维膜光学图

(b) P/Cu(Ac)$_2$
纳米纤维形貌

(c) P/Cu(Ac)$_2$
纳米纤维膜水接触角

138.3°

(d) P/CuO
纤维膜光学图

(e) P/CuO
纳米纤维形貌

(f) P/CuO
纳米纤维膜水接触角

0°

(g) P/CuO-nanosheet
纤维膜光学图

(h) P/CuO-nanosheet
纳米纤维形貌

(i) P/CuO-nanosheet
纳米纤维膜水接触角

图6-2-2　P/CuO-nanosheet 纳米纤维膜的形貌和润湿性能

膜表面分布着大量的纳米片［图6-2-2（h）］。由生长过程和膜颜色可以推断出，生成的纳米片为CuO纳米片。由于PVDF-HFP表面生长了CuO纳米片，因而纤维有效直径变大且纤维膜孔径减小。有趣的是，生长CuO纳米片的纤维膜的润湿性能有了巨大的改变。空气中的水接触角变为0°［图6-2-2（i）］，显示出疏水性能优良的PVDF-HFP纳米纤维膜已经变成超亲水特性的纳米纤维膜。通过静电纺丝技术、原位生长法和水热处理

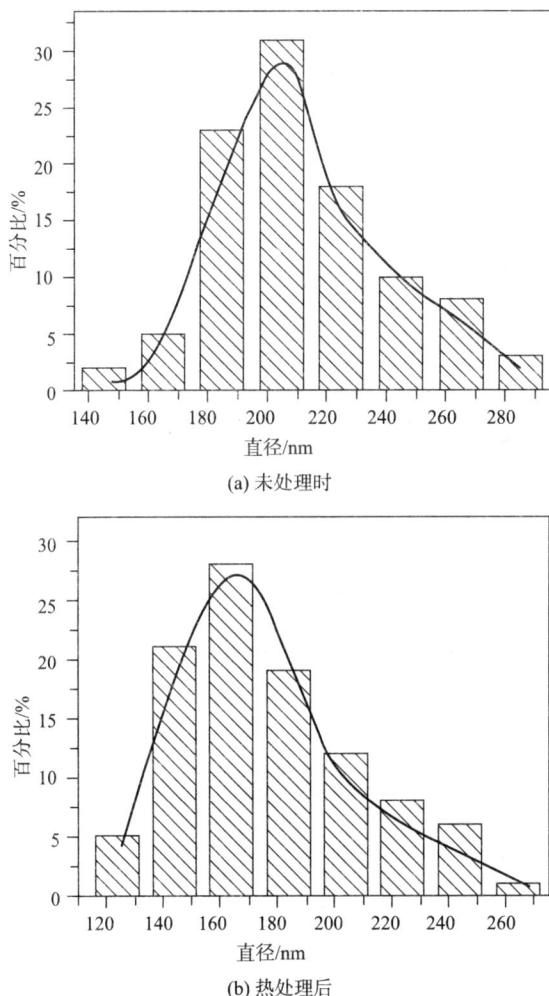

(a) 未处理时

(b) 热处理后

图 6-2-3　未处理时和热处理后纤维膜直径分布图

法三个过程后，原来具有很好疏水性的纳米纤维膜变为了超亲水纳米纤维膜。而超亲水纳米纤维膜可以用于油水分离领域。

3.不同PVDF-HFP/Cu（Ac）₂含量对P/CuO-nanosheet纳米纤维膜形貌的影响

为了更好地了解实验参数对制备P/CuO-nanosheet的影响，首先考察了不同PVDF-HFP和Cu（Ac）₂含量比对纺丝过程和纳米纤维膜形貌的影响。由于2：1几乎是Cu（Ac）₂在此纺丝浓度下的最大溶解度，因此考虑到溶解过程的顺利进行，实验过程中，纺丝浓度为11%不变和温湿度条件不变的情况下，PVDF-HFP和Cu（Ac）₂质量比分别为2：1、3：1和6：1。如图6-2-4所示，三种质量比情况下纤维都为光滑的且直径

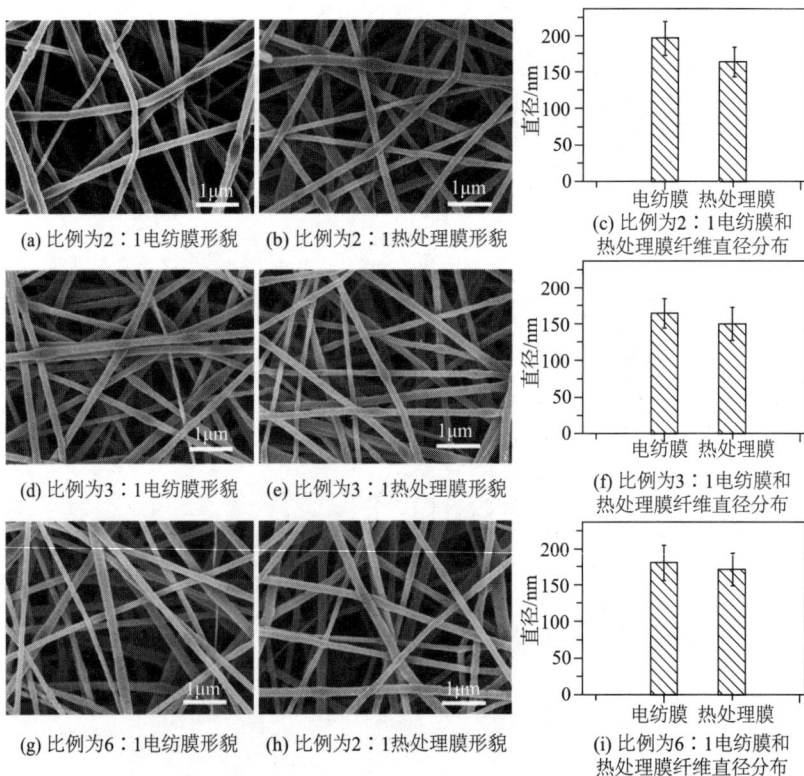

(a) 比例为2：1电纺膜形貌　(b) 比例为2：1热处理膜形貌　(c) 比例为2：1电纺膜和热处理膜纤维直径分布

(d) 比例为3：1电纺膜形貌　(e) 比例为3：1热处理膜形貌　(f) 比例为3：1电纺膜和热处理膜纤维直径分布

(g) 比例为6：1电纺膜形貌　(h) 比例为2：1热处理膜形貌　(i) 比例为6：1电纺膜和热处理膜纤维直径分布

图6-2-4　不同PVDF-HFP/Cu（Ac）₂质量比对纳米纤维形貌和直径的影响

分布比较均匀，三种质量比下，纤维的直径变化不大。当PVDF-HFP和Cu（Ac）$_2$质量比为2∶1时，刚纺出来的纤维直径为198nm±23nm，经过热处理后纤维直径变为158nm±21nm［图6-2-4（c）］。这是因为热处理过程中，残留的溶剂进一步挥发，纤维内部和纤维间空间结构进一步重塑造成的。当PVDF-HFP和Cu（Ac）$_2$质量比为3∶1时，刚纺出来的纤维直径为171nm±20nm，经过热处理后纤维直径变为152nm±22nm［图6-2-4（f）］。而当PVDF-HFP和Cu（Ac）$_2$质量比为6∶1时，刚纺出来的纤维直径为178nm±24nm，经过热处理后纤维直径变为169nm±20nm［图6-2-4（i）］。总体来说，PVDF-HFP和Cu（Ac）$_2$质量比对纺丝过程影响不大，而且，三种比例下对所得纳米纤维的直径和形貌影响不大。

4.不同PVDF-HFP/Cu（Ac）$_2$含量对P/CuO-nanosheet纳米纤维膜形貌和润湿性能的影响

为了选择出最佳的PVDF-HFP和Cu（Ac）$_2$质量比，为此考察了三种PVDF-HFP和Cu（Ac）$_2$质量比纳米纤维膜对制备P/CuO-nanosheet的影响。在相同的生长条件下，如图6-2-5所示，三种纳米纤维膜表现出不同的外观形貌。PVDF-HFP和Cu（Ac）$_2$质量比为2∶1的纳米纤维膜情况下，CuO-nanosheet分布在每根PVDF-HFP纤维上。可以看出在此情况下，CuO纳米片生长良好。由于在此条件下，Cu（Ac）$_2$含量比较高，所以经过热处理后，有更多的CuO在PVDF-HFP表面生成。进而在水热法生长过程中，在纳米纤维膜和生长液界面处有更多的CuO晶核生成，从而CuO纳米片在每根纤维表面上更容易生长。而当PVDF-HFP和Cu（Ac）$_2$质量比为3∶1时，经过热处理过程后，有相对较少的CuO在PVDF-HFP表面生成。从而在水热法生长过程中，CuO纳米片不能在PVDF-HFP表面连续生长，CuO纳米片呈项链状分布在纤维表面。这种现象在PVDF-HFP和Cu（Ac）$_2$质量比为6∶1时更为明显。如图6-2-5所示，当比例为6∶1时可以明显地看到水热法生长后的纤维膜为暗灰色，与生长前并没有很大的变化。

从SEM图片可以看出，PVDF-HFP/Cu（Ac）$_2$质量比为6∶1时，纤维形貌并没有很大的变化，只有在纤维的某些部分可以看到生长后的CuO。

(a) 质量比为2∶1

(b) 质量比为3∶1

(c) 质量比为6∶1

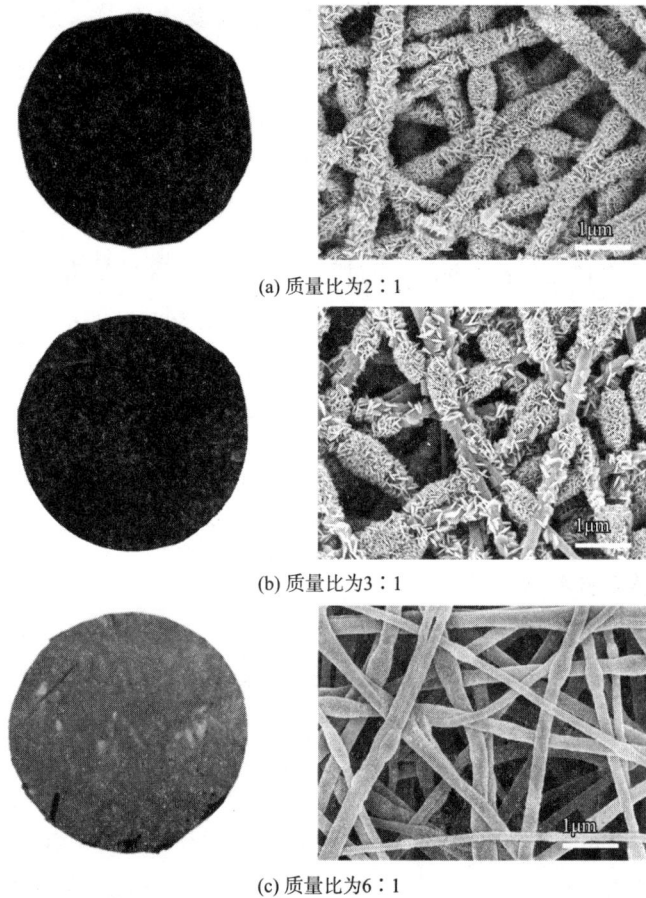

图 6-2-5　PVDF–HFP/Cu（Ac）$_2$ 质量比 P/CuO–nanosheet 纳米纤维膜形貌的影响

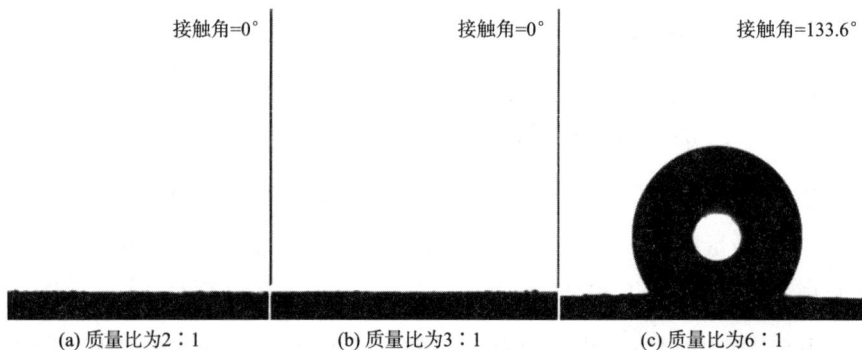

接触角=0°　　　　　　接触角=0°　　　　　　接触角=133.6°

(a) 质量比为2∶1　　　(b) 质量比为3∶1　　　(c) 质量比为6∶1

图 6-2-6　PVDF–HFP/Cu（Ac）$_2$ 质量比 P/CuO–nanosheet 纤维膜润湿性能影响

水热法生长后的接触角的不同进一步证实了这样的结果。如图6-2-6所示，PVDF-HFP/Cu（Ac）$_2$质量比为2∶1时，水热生长后的纳米纤维膜水接触角为0°，而PVDF-HFP/Cu（Ac）$_2$质量比为3∶1时，接触角也为0°。但实际的测试过程中，当质量比为3∶1时，水滴是慢慢地渗透到纤维膜中。约0.5min后，水滴才全部渗透到纤维膜里面。而当PVDF-HFP/Cu（Ac）$_2$质量比为6∶1时，水接触角为133.6°。比起热处理过后的纤维膜水接触角并没有很大的变化。为此，在以后的制备过程中，选择PVDF-HFP/Cu（Ac）$_2$质量比为2∶1。

5.不同生长液浓度对P/CuO-nanosheet纳米纤维膜形貌的影响

生长液中Cu（Ac）$_2$浓度对CuO纳米片的生长也有重要影响。饱和Cu（Ac）$_2$条件下，CuO纳米片均匀地生长在PVDF-HFP表面［图6-2-7（a）］，在纤维膜的内部和表面都有CuO纳米片的生长，且此时生长后的纳米纤维膜呈黑色。当把在饱和Cu（Ac）$_2$条件下配制的铜氨溶液稀释1倍时，生长后的纤维膜有些地方为黑色、有些地方为灰色，可以推断出有些地方没有生长CuO纳米片。SEM图片进一步证明了这个结果，可以看出在此条件下CuO纳米片呈项链状分布在纤维表面［图6-2-7（b）］。当把铜氨溶液稀释为原来的10倍时，在相同的生长条件下，纤维的形貌并没有明显的变化［图6-2-7（c）］。

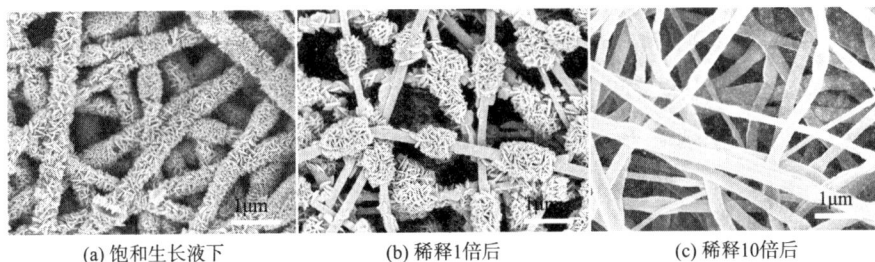

| (a) 饱和生长液下 | (b) 稀释1倍后 | (c) 稀释10倍后 |

图 6-2-7　不同生长液浓度对 P/CuO-nanosheet 纳米纤维膜形貌

因此，对于生长液的浓度来说，饱和Cu（Ac）$_2$条件下配置的铜氨溶液能使得CuO纳米片在PVDF-HFP表面均匀的连续的生长。

6. 不同生长温度对P/CuO-nanosheet纳米纤维膜形貌的影响

水热法生长过程中，生长温度对CuO纳米片的生长有至关重要的影响（生长时间为5h）。如图6-2-8所示，考察了3种生长温度对P/CuO-nanosheet纳米纤维膜形貌的影响。可以看出，当生长温度为40℃时，纤维的形貌并没有明显变化，原因是此温度和生长时间对铜氨溶液的影响比较小，进而对CuO的生长影响较小；当温度为60℃时，CuO纳米片呈项链状分布在纤维表面，可以看出在此温度下，已经可以生长有CuO纳米片，只是生长时间不足以使CuO纳米片连续地在纤维表面生长；而当生长温度增加到80℃时，纤维形貌发生了比较大的变化，可以看出，在此条件下，CuO纳米片已经全部覆盖了PVDF-HFP纳米纤维。

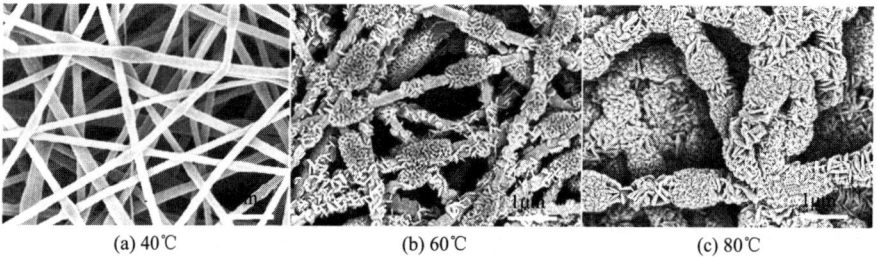

(a) 40℃   (b) 60℃   (c) 80℃

图 6-2-8   不同生长温度下 P/CuO-nanosheet 纳米纤维膜形貌

从这些结果可以看出，温度对CuO纳米片的生长影响很大。当温度为60℃时，CuO纳米片的生长非常缓慢，而且只是沿着PVDF-HFP表面生长，在纤维与纤维之间的空白部分没有生长CuO纳米片；而当温度为80℃时，CuO纳米片快速地生长，且铺满纳米纤维膜的表面。

7. 不同生长时间对P/CuO-nanosheet纳米纤维膜形貌的影响

如图6-2-9所示，考察了在生长温度在60℃条件下不同生长时间对P/CuO-nanosheet纳米纤维膜的影响。由图可以清楚地看出，生长时间对CuO纳米片形貌的影响并不明显，只是随着生长时间的增加，有越来越多的CuO纳米片生成。当生长时间为1h时，纤维形貌没有明显的变化，但可以看出有些地方CuO纳米片开始生长；当为5h时，CuO纳米片呈项链状分布在纤维表

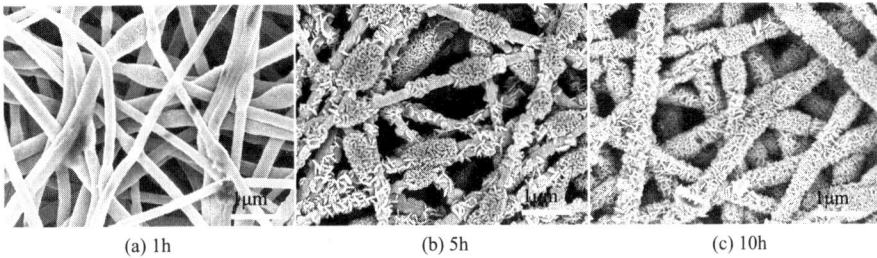

(a) 1h　　　　　　　　(b) 5h　　　　　　　　(c) 10h

图 6-2-9　不同生长时间下 P/CuO-nanosheet 纳米纤维膜形貌

面；当为10h时，纤维表面有更多的CuO纳米片生成，布满了PVDF-HFP纤维的表面。值得注意的是，在纤维与纤维之间的空白部分并没有CuO纳米片的生成，CuO纳米片只是沿着PVDF-HFP的表面均匀连续地生长。

二、P/CuO-nanosheet 纳米纤维膜性能

1.P/CuO-nanosheet纳米纤维膜放大和断面图

由图6-2-10可以看出，CuO纳米片一般呈三角形，边长为100~300nm，厚度为5~10nm。纳米片均匀地分布在纤维表面。由图6-2-10（a）可知，不仅表面层纤维生长了纳米片，且在纤维膜内部也可以看到生长的纳米片。为了更进一步确认纳米片是长在所有纤维上的，特地考察了纤维膜的断面形貌结构。如图6-2-10（b）所示，断面上可以看到呈核壳结构的纤维。可以断定，类似于核壳结构的材料内部为PVDF-HFP纳米纤维，而外部为生长的纳米片。由图6-2-10可以看出：①纳米片均匀地生长在纤维表面；②在纤维的表面和内部都有纳米片的生长。这是因为，经过静电纺丝过程和热处理过程后，在PVDF-HFP的表面均匀地分布着CuO种子。然后，将表面均匀分布着CuO种子的纳米纤维膜浸没在生长液中，在合适的温度下，生长液沿着原有的CuO种子均匀、缓慢地生长。从而不仅在外部，在纤维膜的内部也有纳米片的生长。

2.P/CuO-nanosheet纳米纤维膜红外衍射和X射线衍射图

红外光谱能够对物质的分子和结构进行分析鉴定。为了进一步探究热处理过程对纳米纤维的影响，分别对刚纺出来的纳米纤维膜、热处理

后的纳米纤维膜进行了红外光谱分析。如图6-2-11所示，可以明显地看出，刚纺出来的和热处理过的纳米纤维膜的大部分峰值都一致，然而在1572cm^{-1}处的峰值在热处理后变弱或者消失。由文献可知，1572cm^{-1}属于—COO—的红外反对称伸缩振动[16-17]。

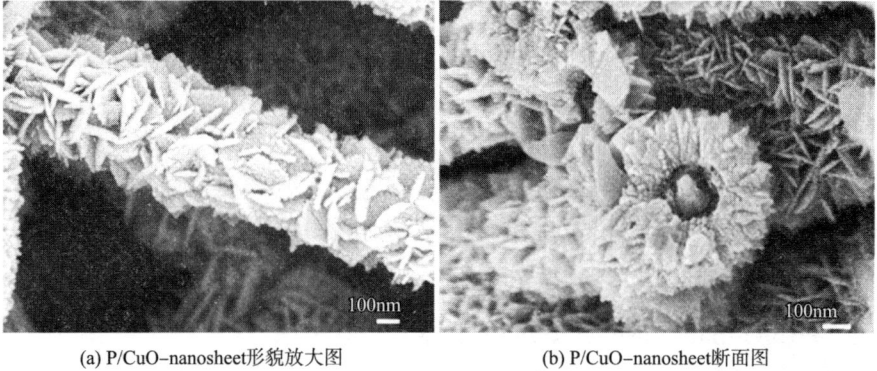

(a) P/CuO-nanosheet形貌放大图　　(b) P/CuO-nanosheet断面图

图 6-2-10　P/CuO-nanosheet 纳米纤维膜放大和断面图

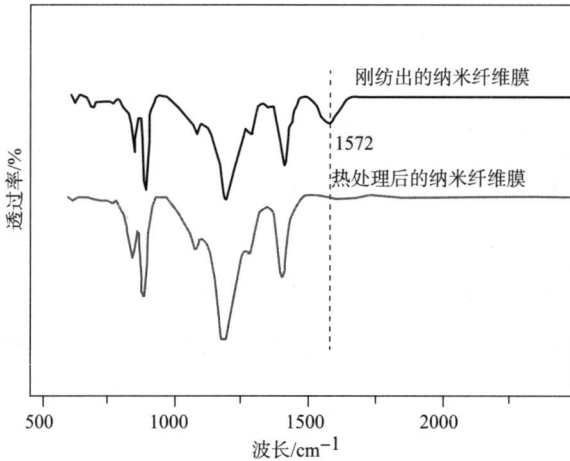

图 6-2-11　P/CuO-nanosheet 纳米纤维膜刚纺出来和热处理后的红外光谱图

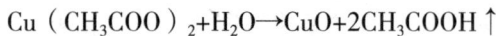

$$Cu（CH_3COO）_2+H_2O \rightarrow CuO+2CH_3COOH\uparrow$$

这就说明，经过热处理后，Cu（Ac）$_2$中的—COO—基团发生了化学反应。可以推断出Cu（Ac）₂与烘箱中的水蒸气发生了化学反应，生成CuO和CH₃COOH。而CH₃COOH由于挥发温度低而挥发到空气中。而颜色方面，由刚纺出来的淡蓝色变为热处理后的暗灰色，进一步证明CuO的生成。可以看出，纳米纤维膜经过热处理后。Cu（Ac）₂发生化学反应，形成了CuO颗粒种子层。这为下一步的CuO纳米片的生长奠定了基础。

　　为了更进一步探究纳米纤维膜经过热处理过程和水热法过程后发生的反应，对三个阶段的纳米纤维膜进行了XRD分析。如图6-2-12所示，刚纺出来的纳米纤维只有在20.06°附近出现峰值，由文献可知，此处为PVDF的β晶相特征吸收峰[18]。热处理后，在35.7°和38.8°附近出现了CuO的特征峰。这充分证明在热处理过程中发生了化学反应，部分Cu（Ac）₂变为了CuO。经过水热法后，在32.6°、35.7°、38.8°、48.9°、53.5°、58.1°、61.7°、66.1°和68.1°处出现了特征吸收峰，且主要特征衍射峰与JCPDS卡比较，可以确证为单斜晶系的CuO[19-20]。而且，由图可知单斜晶系的CuO特征峰比较尖锐，可以推断出CuO纯度较高，结晶良好。因此，由红外光谱和XRD结果可知，经过热处理过程，纤维表面的Cu（Ac）₂发生反应变为了CuO。经过水热法过程后，CuO沿着原有CuO种子层生长，并生长为CuO纳米片。

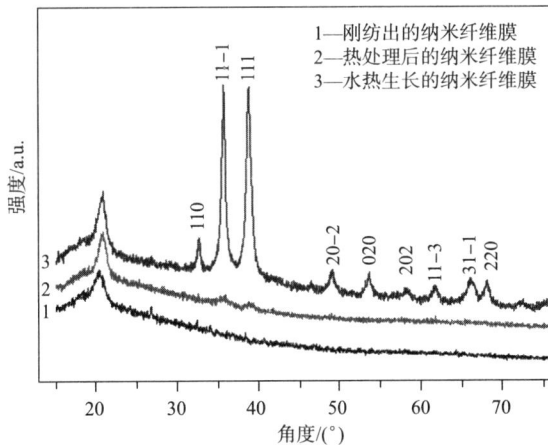

图6-2-12　不同阶段纳米纤维膜的X射线衍射图

3.P/CuO-nanosheet生长机理分析

当PVDF-HFP纳米纤维上有了CuO种子层后，便可通过水热合成法得到CuO纳米片。基于SEM图、红外光谱图和X射线衍射图，P/CuO-nanosheet生长机理分析如下，如图6-2-13所示。

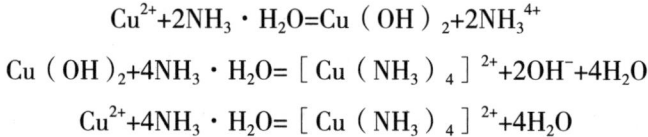

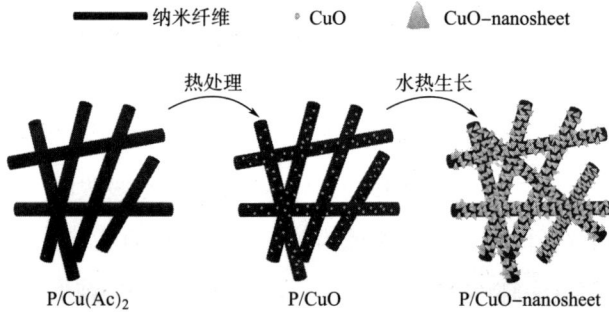

$$Cu^{2+}+2NH_3 \cdot H_2O=Cu（OH）_2+2NH_3^{4+}$$

$$Cu（OH）_2+4NH_3 \cdot H_2O=[Cu（NH_3）_4]^{2+}+2OH^-+4H_2O$$

$$Cu^{2+}+4NH_3 \cdot H_2O=[Cu（NH_3）_4]^{2+}+4H_2O$$

图 6-2-13　P/CuO-nanosheet 生长机理图

生长液配制过程中，Cu（Ac）$_2$溶解在水中形成二价铜离子。当往二价铜离子水溶液中滴加氨水时，氨水在水中释放出OH$^-$离子，二价铜离子与OH$^-$离子结合形成氢氧化铜沉淀。当进一步滴加氨水后，氢氧化铜与过量的氨水反应生成深蓝色的铜氨溶液（图6-2-14）。当热处理后的纳米纤维浸入到铜氨溶液后，由于加热过程，可逆反应反向进行，向生成氢氧化铜的方向进行。随着温度的逐渐升高，溶液中的Cu（NH$_3$）$_4^{2+}$的脱水反应会在纳米纤维和生长液的界面形成CuO纳米片晶核。晶核形成之后，在成核生长阶段初期形成的原始颗粒具有随机的取向，这些原始颗粒具有很高的表面能，由于通过界面消失的方式能够大量地降低表面能，这为取向连接过程提供了强的驱动力[21]。因而在热动力学的驱动力下相邻的原始颗粒发生了一定的旋转，从而共享相同的晶体学取向，原始颗粒以这种方式聚集生长形成纳米片。由于热处理后的纳米纤维膜全部浸在生长液中，因此在纳米纤维膜的内部和表面都会生长CuO纳米片[22]。整个水热法制备CuO纳米片的生长过程，发生的化学反应推断如下：

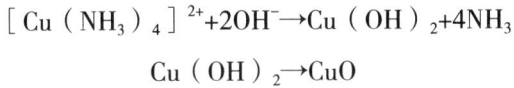

$$[Cu(NH_3)_4]^{2+}+2OH^-\rightarrow Cu(OH)_2+4NH_3$$

$$Cu(OH)_2\rightarrow CuO$$

或

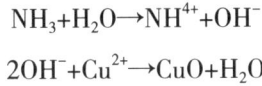

$$NH_3+H_2O\rightarrow NH^{4+}+OH^-$$

$$2OH^-+Cu^{2+}\rightarrow CuO+H_2O$$

或

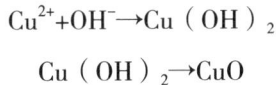

$$Cu^{2+}+OH^-\rightarrow Cu(OH)_2$$

$$Cu(OH)_2\rightarrow CuO$$

这几个反应可能同时存在或者在某一时刻其中的一到两个同时存在。最终的结果是在晶核形成的基础上生成CuO纳米片。

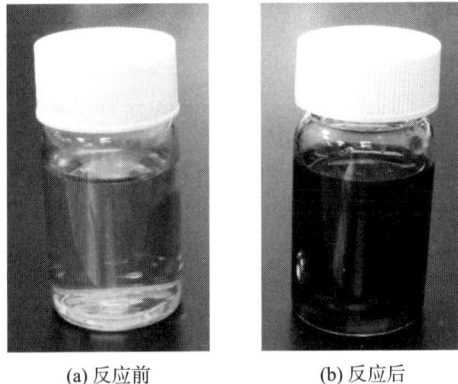

(a) 反应前　　　　　　　(b) 反应后

图6-2-14　反应前后溶液的颜色变化光学图片

4.P/CuO-nanosheet纳米纤维膜形貌和润湿特性

为了过滤浮油和油水混合物，本文实验条件为：生长温度为60℃，生长时间为10h。经过水热法生长后，纤维膜变成了黑色，可以判断出生成了CuO［图6-2-15（a）］。由前面红外光谱图和X射线衍射图可知，生成的黑色物质确实为CuO。纤维形貌发生了很大的变化，纤维表面生长出均匀、连续的CuO纳米片［图6-2-15（b）］。水热法生长后的纳米纤维直径明显增大。由前面的生长温度对CuO纳米片生长的影响可知，60℃条件下CuO纳米片生长过程是比较温和的。CuO纳米片在此温度下缓慢地生长，当生长时间达到10h时，PVDF-HFP纤维表面才长出均匀、连续的CuO纳米片。而且由于缓慢的生长，CuO纳米片只在PVDF-HFP纤维表面生长。纤维与纤维之间的空隙中并没有CuO纳米片的生成。这也是选择60℃制备P/CuO-nanosheet纳米纤维膜的主要原因。同时，这种结构非常粗糙。由杨氏方程可知，亲水性材料表面越粗糙，材料表面越亲水。因此，P/CuO-nanosheet纳米纤维膜呈现出超亲水特性，空气中水接触角为0°［图6-2-15（c）］。这种CuO纳米片只在PVDF-HFP表面生长，从而保留了纳米纤维膜较高的孔隙率特点，同时具有超亲水特性。而超亲水P/CuO-nanosheet纳米纤维膜可以应用在油水分离中。P/CuO-nanosheet纳米纤维膜断面形貌进一步表明了P/CuO-nanosheet均匀地覆盖在纤维表面（图6-2-16b）。

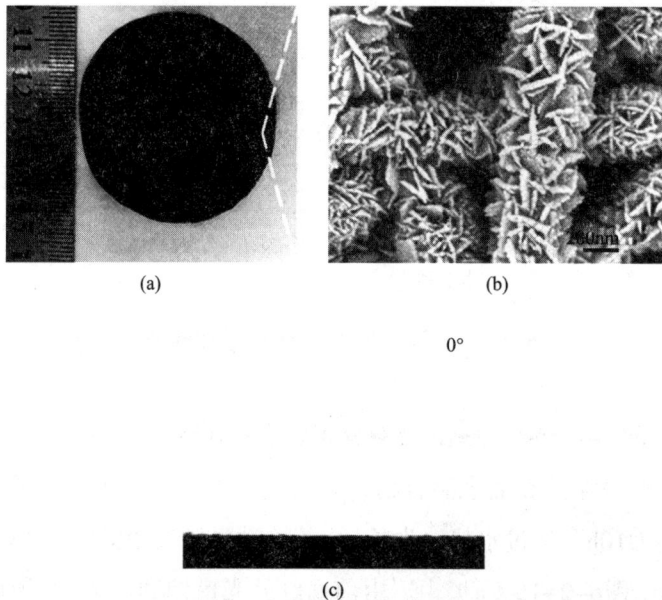

(a)   (b)

0°

(c)

图6-2-15   60℃、10h 下 P/CuO-nanosheet 纳米纤维膜形貌和润湿性能

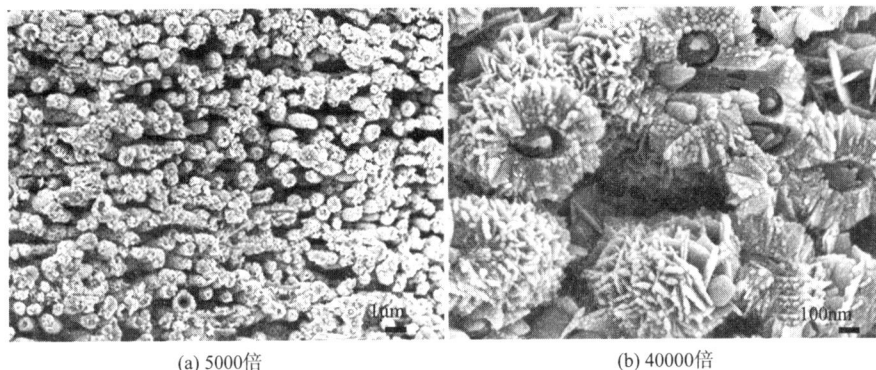

(a) 5000倍　　　　　　　　　　　　　(b) 40000倍

图 6-2-16　不同放大倍数下 P/CuO-nanosheet 纳米纤维膜断面图

5.P/CuO-nanosheet水下疏油特性

图6-2-17所示为水滴在P/CuO-nanosheet纳米纤维膜表面动态的润湿过程。可以看到，水滴在256ms内在纤维膜表面全部铺展开，这是由于CuO纳米片大的面积与厚度比，且杂乱地分布在PVDF-HFP表面，导致特别粗糙的表面。对于油/水/粗糙的固体表面三系统来说，接触角可以由Cassie模型表达如下[23]：

$$\cos\theta' = f\cos\theta + f - 1$$

式中：f为固体面积分数；θ为水中的油滴在光滑固体表面的接触角；θ'为水下油滴在粗糙固体表面的接触角。

小的固体面积分数意味着油滴与固体接触的面积小，从而水下油滴在粗糙固体表面的接触角θ'越大。P/CuO-nanosheet纳米纤维膜因为CuO纳米片大的面积与厚度比，且杂乱地分布在PVDF-HFP表面，导致特别粗

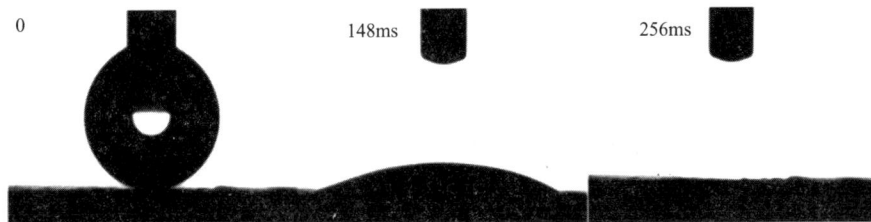

图 6-2-17　水滴在 P/CuO-nanosheet 纳米纤维膜上铺展开的动态过程

糙的表面。粗糙的表面意味着小的固体面积分数和大的水下油接触角。由图6-2-18（b）可知，水下油的接触角为152.4°，表现出水下超疏油特性。

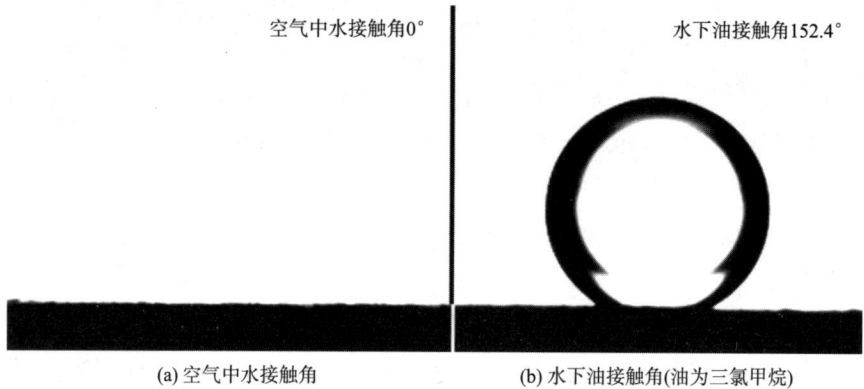

空气中水接触角0°

水下油接触角152.4°

(a) 空气中水接触角

(b) 水下油接触角(油为三氯甲烷)

图 6-2-18　P/CuO-nanosheet 纳米纤维膜空气中和水中润湿特性

对于具有超亲水特性的P/CuO-nanosheet纳米纤维膜来说。当P/CuO-nanosheet纳米纤维膜预先润湿后，由于CuO纳米片粗糙的结构和膜的超亲水特性。在P/CuO-nanosheet纳米纤维膜的表面捕捉了一层水的界面（图6-2-19）。这一层水的界面是造成P/CuO-nanosheet纳米纤维膜具有水下超疏油特性的主要原因。具备超亲水/水下超疏油特性的纳米纤维膜便可以用于油水分离。

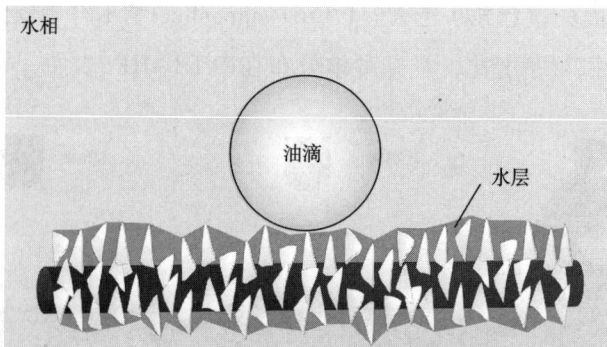

水相

油滴

水层

图 6-2-19　P/CuO-nanosheet 纳米纤维膜水下疏油示意图

6.P/CuO-nanosheet纳米纤维膜力学性能

材料要用于实际应用，除了有比较好的特性外，一个最重要的参数就是材料的力学性能。一般来说，由于材料的结晶度、取向度等较原材料减小，因此静电纺丝纳米纤维膜的力学性能一般较差。根据目前报道的纳米纤维膜材料，膜的断裂强度通常为0.1~10MPa，超过10MPa的纳米纤维膜材料鲜有报道。由图6-2-20可知，PVDF-HFP具有良好的力学性能，

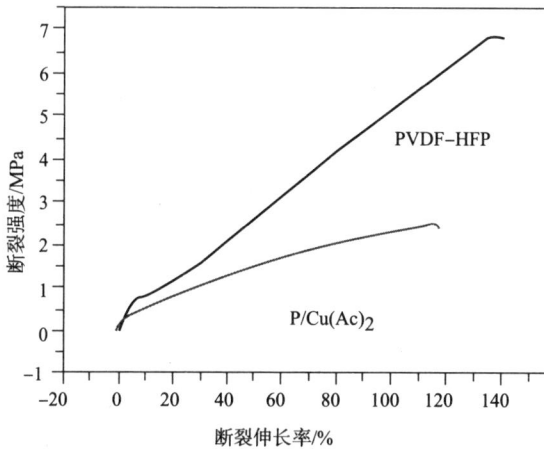

(a) PVDF-HFP和P/Cu(Ac)$_2$
纳米纤维膜力学性能

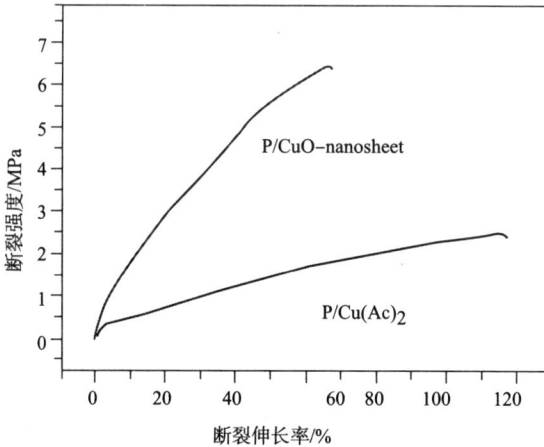

(b) PVDF-HFP和P/CuO-nanosheet
纳米纤维膜力学性能

图 6-2-20　P/CuO-nanosheet 纳米纤维膜的力学性能

纯的PVDF-HFP纳米纤维膜的断裂强度为6.8MPa±0.41MPa，断裂伸长率为140%±13.6%。可以看出，纯的PVDF-HFP纳米纤维膜具有较高的断裂强度和优良的断裂伸长率。当加入Cu（Ac）$_2$后，Cu（Ac）$_2$的加入破坏了原有材料的连续性，形成"疵点"，从而使得P/Cu（Ac）$_2$的力学性能下降，得到的纳米纤维膜的断裂强度为2.6MPa±0.35MPa，断裂伸长率减小为117%±11.6%。当P/Cu（Ac）$_2$纳米纤维膜经过热处理和水热法处理后，纳米纤维膜的断裂强度得到提高，达到6.6MPa±0.52MPa，断裂伸长率则减小到62%±4.6%。这是由于：①热处理后，纳米纤维之间的粘连性更好，结构更加紧密，从而增大了纳米纤维膜的断裂强度；②PVDF-HFP表面生长CuO纳米片后，由于CuO纳米片和纤维之间的粘连、CuO纳米片之间的键合，使得最后的P/CuO-nanosheet纳米纤维膜的断裂强度提高，同时也减小了P/CuO-nanosheet纳米纤维膜的断裂伸长率。由图6-2-20可知，P/CuO-nanosheet纳米纤维膜具有较高的断裂强度，虽然纳米纤维膜的断裂伸长率减小，但也达到62%±4.6%。因此，P/CuO-nanosheet纳米纤维膜具有良好的力学性能，可以用于实际应用中。

一般来说，聚合物膜材料具有良好的柔韧性能。而无机材料的柔韧性能较差，是实际应用中的比较大的缺点，因为差的柔韧性能意味着容易磨损和断裂。P/CuO-nanosheet纳米纤维膜除了具有良好的力学性能，也具有优异的柔韧性。由图6-2-21可知，P/CuO-nanosheet纳米纤维膜可以变化为多种形状，如可以折叠［图6-2-21（a）（b）］、挤压［图6-2-21（c）］和卷曲［图6-2-21（d）］。由图6-2-21可知，P/CuO-nanosheet纳米纤维膜具有优良的柔韧特性。这对于P/CuO-nanosheet纳米纤维膜在实际中的应用有很大的积极作用。

三、P/CuO-nanosheet 纳米纤维膜油水分离应用表征

1.P/CuO-nanosheet纳米纤维膜在油水混合物分离中的应用

超亲水/水下超疏油纳米纤维膜被广泛地应用在油水分离应用中[24-25]。油水混合物过滤装置如图6-2-22所示。过滤前，P/CuO-nanosheet纳米纤

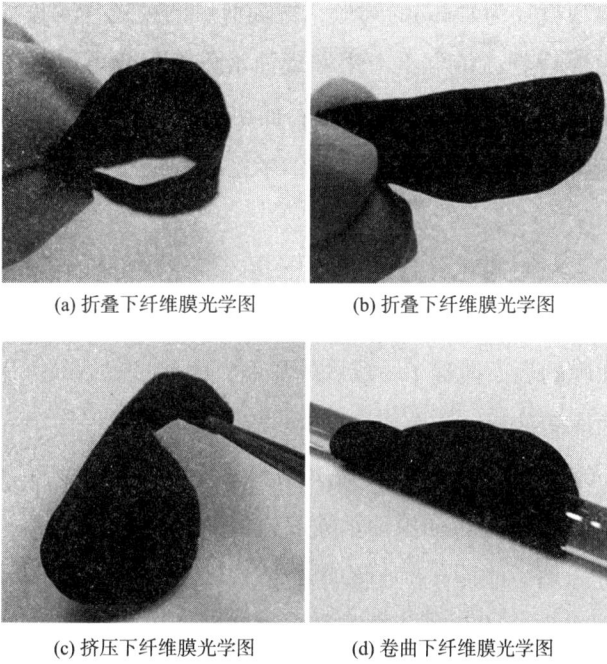

(a) 折叠下纤维膜光学图　　　　　(b) 折叠下纤维膜光学图

(c) 挤压下纤维膜光学图　　　　　(d) 卷曲下纤维膜光学图

图 6-2-21　P/CuO-nanosheet 纳米纤维膜的超柔韧性能

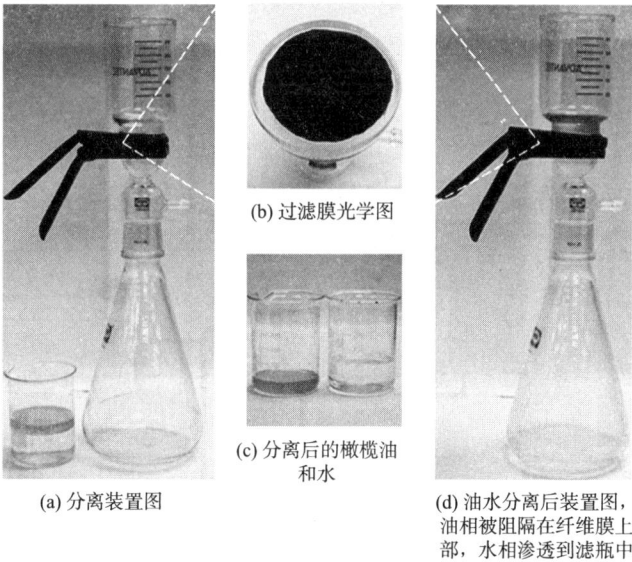

(a) 分离装置图

(b) 过滤膜光学图

(c) 分离后的橄榄油和水

(d) 油水分离后装置图，油相被阻隔在纤维膜上部，水相渗透到滤瓶中

图 6-2-22　浮油分离装置及过程图

维膜被裁剪为直径为47mm的圆形，把裁剪后的膜放在滤头筛板上。过滤前摇匀油水混合物，依靠重力来实现油水分离。分离过程中，水相由于膜的超亲水特点而渗透到接收瓶里；而由于P/CuO-nanosheet纳米纤维膜的水下超疏油特性，油相被排斥在纳米纤维膜的上表面部分而留在过滤杯中。

与超疏水材料相比，超亲水/水下超疏油纳米纤维膜没有形成过滤阻碍层。而且，由于超亲水特性，仅靠重力就可以达到油水分离的目的。此外，由于在膜的表面捕捉了一层水的界面，因此过滤后只需用清水冲洗即可冲走膜表面的油相，从而使过滤膜可以重复使用。

2.P/CuO-nanosheet膜用于乳液油水分离

2.1　P/CuO-nanosheet膜油水乳液分离装置示意图

终端过滤是一种具有产业化前景的过滤方法，装置简单、可控性强。本实验采用终端过滤装置分离油水乳液，装置示意图如图6-2-23所示。实验中采用氮气加压，由压力表来控制过滤过程中所需的压力大小。由抽液泵把原液抽到滤杯中。过滤后的液体由天平称其质量，并把数据传输到计算机中。

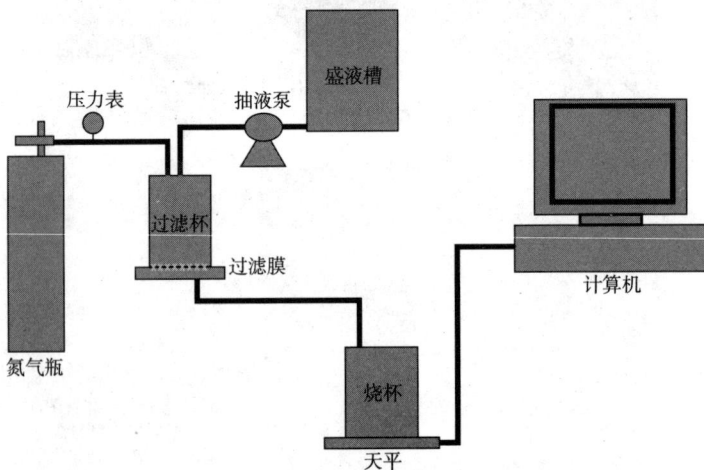

图6-2-23　实验室中终端过滤装置示意图

2.2　P/CuO-nanosheet膜油水乳液分离效果

分离过程中，通过氮气给系统施加压力，由压力表控制旋钮来调节系统压力。分离过程中的水通量由计算机自动记录。图6-2-24为过滤前后溶液的效果图，可以看到，分离前为乳白色液体，分离后液体变得澄清透明。可以推断出P/CuO-nanosheet膜达到了不错的分离效果。

(a) 过滤前　　　　　　　(b) 过滤后

图 6-2-24　过滤前后溶液的光学图片

一般来说，不加表面活性剂的油水乳液中，油滴的尺寸在微米级别。如Jiang等[9]以水和油的质量比为9：1、超声0.5h得到油滴粒径为5~40μm的油水乳液。Tao等[26]以一定的比例配制油水混合物，并超声3h后得到油滴粒径为1~30μm的油水乳液。图6-2-25为本实验中油水乳液的尺寸分布图。由图可知，油滴的粒径分布在1~40μm。

油水乳液的分离效率由定性和定量两种方法结合来确定。定性分析由光学显微镜表征，可以看到分离前油水乳液中分散着许多的油滴，如图6-2-26所示。然而，分离后，在同样的尺寸下看不到任何油滴。由光学显微镜表征结果可以看到，分离达到了很好的效果。为了定量地测定分离的效果，本文采用分离前后油水乳液中油相含量的变化来表征。分离前后乳液中油相含量的变化用TGA来测量，由于乳液中油相和水相的沸点不同，可以用热重的方法来表征分离前后油相的百分比。许多文献中用TGA

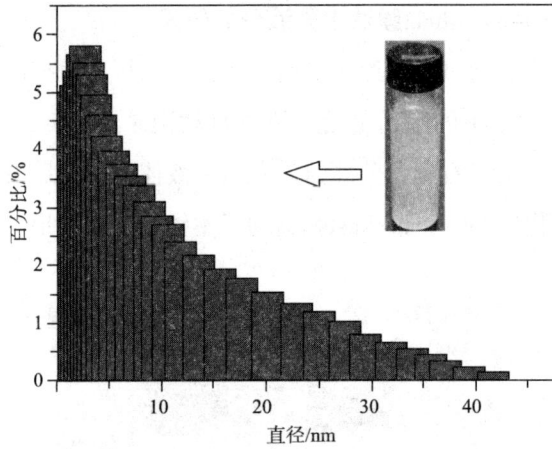

图 6-2-25　油水乳液中油滴的大小分布（其中油相为橄榄油）

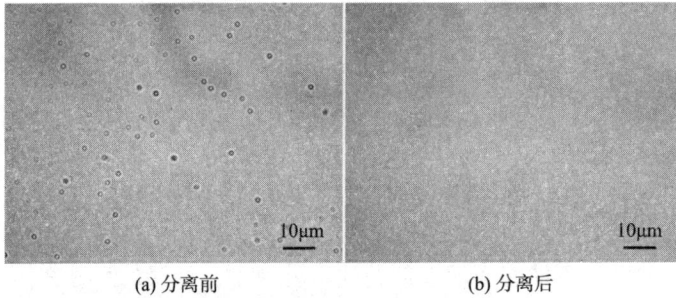

(a) 分离前　　　　　　　　　(b) 分离后

图 6-2-26　油水乳液分离前后的光学图片

来表征油水分离的效果。例如，Tan等[27]用TGA法来测定表面活性剂存在的油水乳液的分离效果。实验过程中，一定质量的油水乳液放在装置中，温度设为室温至110℃，并在110℃下保持1h，确保油水乳液中水相全部挥发掉，结果如图6-2-27所示。可以看到，只有橄榄油时，一定时间后质量几乎没有变化，由原来的100%变为99.998%。而分离前的油水乳液中残留物的质量分数为0.956%，分离后的油水乳液中残留物的质量分数为0.0016%。由结果可知，分离效率为99.83%。由此，可以推断出，P/CuO-nanosheet纳米纤维膜对油水乳液中油滴粒径大于1μm的油水乳液有极好的分离效果。由膜孔径测试结果可知，在此当前条件下，膜的平均孔径为

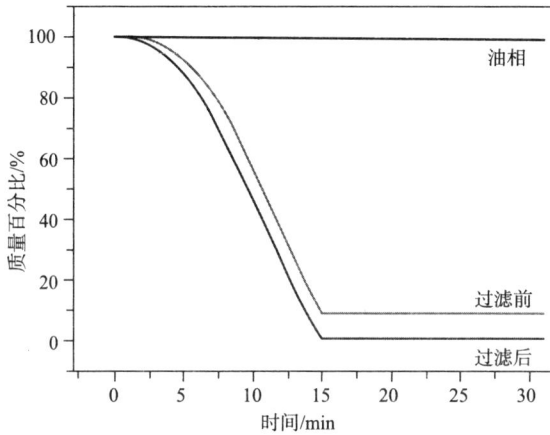

图 6-2-27　油水分离前后的 TGA 曲线（其中油相为橄榄油）

0.22μm（表6-2-1）。这与实验中P/CuO-nanosheet纳米纤维膜能分离油滴尺寸大于1μm的油水乳液的结果是相符合的。

表 6-2-1　P/CuO-nanosheet 膜的物理性能参数

样品	厚度 /μm	纤维直径 /nm	孔隙率 /%	平均孔径 /μm	最大孔径 /μm
电纺膜	—	198 ± 24.35	84.72	0.37	1.13
热处理膜	—	161 ± 21.21	71.23	—	—
水热生长膜	50 ± 2.3	—	53.36	0.22	0.41

2.3　P/CuO-nanosheet膜广泛的适用性

为了探究P/CuO-nanosheet纤维膜广泛的应用范围。选择了三种不同的油相：橄榄油、食用油和润滑油。油水乳液配制方法相同，油水比例为1∶100，配制好的油水混合溶液先常温下强烈搅拌2h，然后40℃下超声2h，得到油水乳液。过滤装置同样都采用终端过滤装置，分离效果同样由TGA来表征。如图6-2-28所示，所有的油水乳液都达到了较好的分离效果。橄榄油分离效率为99.83%，食用油分离效率为99.80%，润滑油分离效率为99.82%。因此，对三种油的过滤效率都达到99.80%以上。显示出P/CuO-nanosheet纤维膜具有广泛的应用前景。

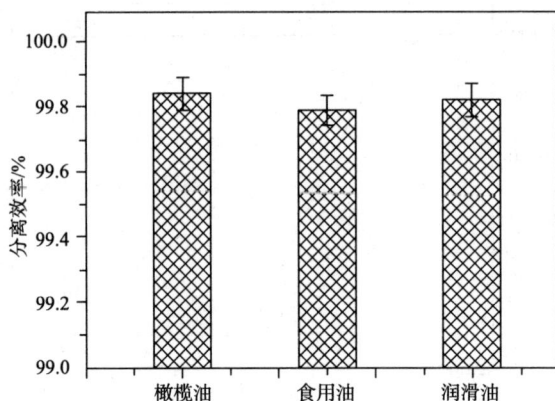

图 6-2-28　三种不同种类的油水乳液分离效果

在实际的油水分离过程中，会面临着不同温度和不同盐离子浓度的滤液。因此，本部分探讨在不同的温度和不同NaCl浓度下P/CuO-nanosheet纤维膜的过滤效果。由图6-2-29（a）可知，随着滤液的温度上升，过滤效果变差。这是因为当滤液温度上升后，油相在水中的溶解度增大的原因。但是过滤效果的影响并不十分明显，因此可以推断出P/CuO-nanosheet纤维膜可以用在多范围的温度介质中。此外，配制了不同浓度的NaCl油水乳液来研究盐离子浓度对油水乳液过滤效果的影响。如图6-2-29（b）所示，不同浓度的NaCl对过滤效果并没有显著影响。过滤效率仍能达到

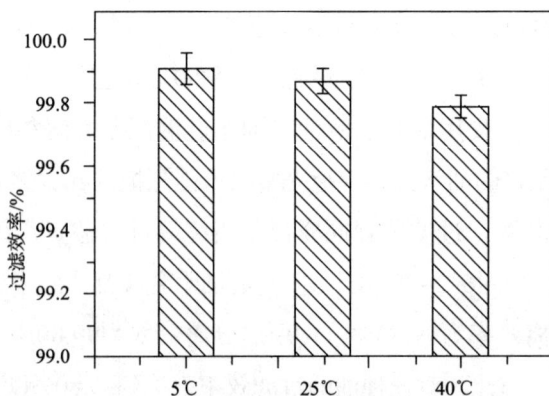

(a) 不同温度油水乳液分离效率

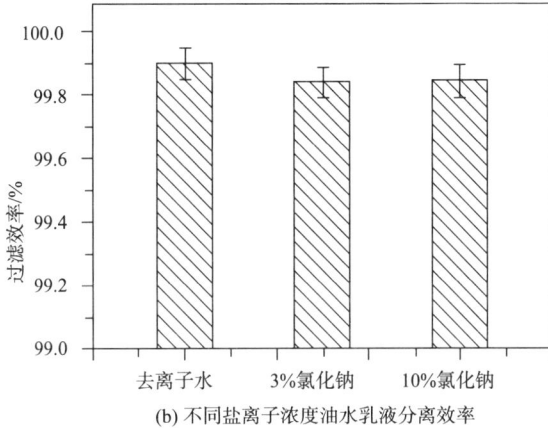

(b) 不同盐离子浓度油水乳液分离效率

图 6-2-29　不同条件油水乳液情况下 P/CuO-nanosheet 纳米纤维膜分离效率

99.81%以上。因此，由以上两个测试可知，P/CuO-nanosheet纤维膜满足在实际的、不同的过滤条件下仍能达到较好的过滤效果的要求。

第三节　P/CuO-nanosheet 纳米纤维膜制备及其在微滤中的应用

近年来，膜技术在过滤分离领域的应用受到了广大科技工作者的关注[28-31]。在水过滤中，根据截留尺寸，一般分为微滤、超滤和纳滤[32]。其中，微滤是一般作为水处理的初期阶段。对于用于水微滤的膜，存在以下几个主要问题。

首先要考虑膜的力学性能。对于水过滤，关键的力学性能参数包括膜的断裂强度和膜的柔韧性[33-34]。这两个参数决定了膜的使用寿命以及是通过支撑层还是自支撑膜。电纺膜的极高孔隙率使其具有高渗透性和柔韧性，但以断裂强度为代价。因此，静电纺丝膜始终带有支撑层。尽管许多无机膜（如碳膜）显示出良好的断裂膜强度[35-37]，但柔韧性差限制了其长期使用，因此通常导致使用寿命缩短。

其次是膜的润湿性，它也会影响膜的使用寿命。用于水过滤的典型聚合物，如聚偏二氟乙烯、聚醚砜、聚苯乙烯、聚四氟乙烯、聚丙烯腈等，在加工成膜时呈疏水性[38-42]。因此，在过去的几十年中，亲水性改性引起了很多关注。有以下三种主要方法可用于构建亲水性表面：①在膜表面涂覆亲水性材料[43-44]，这种策略是一种典型且可行的方法，但缺点是亲水稳定性差；②将亲水性添加剂掺入前体溶液中，然后将其加工成膜[45-46]，但是，添加剂会影响加工过程、膜结构，并经常改变亲水性；③化学接枝亲水基团（通常涉及许多反应步骤）或亲水基团的物理吸收，通常附着力较差[47-48]。

因此，本节通过静电纺丝结合水热处理方法构建柔韧性超亲水纳米纤维膜，并验证其在微滤中的应用。

一、P/CuO-nanosheet 纳米纤维膜制备

如图6-3-1所示，P/CuO-nanosheet纳米纤维膜的制备过程有三个主要步骤。①用自制设备进行针盘静电纺丝，以制造PVDF-HFP/Cu^{2+}膜骨架。由于PVDF-HFP聚合物的特性，所得膜表现出优异的柔韧性。通过静电纺过程，将Cu^{2+}集成到PVDF-HFP纳米纤维表面。可以容易地获得柔性的PVDF-HFP/Cu^{2+}膜骨架材料。②通过烘箱加热将CuO种子生长在PVDF-HFP纳米纤维膜上。加热过程引起了烘箱中Cu（Ac）$_2$与H_2O的反应，由于低挥发温度，在醋酸挥发后，PVDF-HFP纳米纤维上形成了CuO。通过此步骤，CuO会在PVDF-HFP纳米纤维的表面上生成，即形成柔性的PVDF-HFP/CuO纳米纤维膜。③通过高压反应釜的低温水热法将CuO纳米片锚固在PVDF-HFP纳米纤维表面上。本研究中的水热温度低至60℃，与之前的研究相比，该技术可降低能耗[49-51]。在此过程中，CuO首先在PVDF-HFP纳米纤维表面上形成良好的晶核，然后结晶为具有特定晶体特性的纳米片。因此，P/CuO-nanosheet膜由于具有PVDF-HFP骨架的优点而具有超强的柔韧性，并且由于锚固在PVDF-HFP表面上的CuO纳米片的表面非常粗糙，使其具有超亲水特性[52]。

制备过程	设备	优点	产品

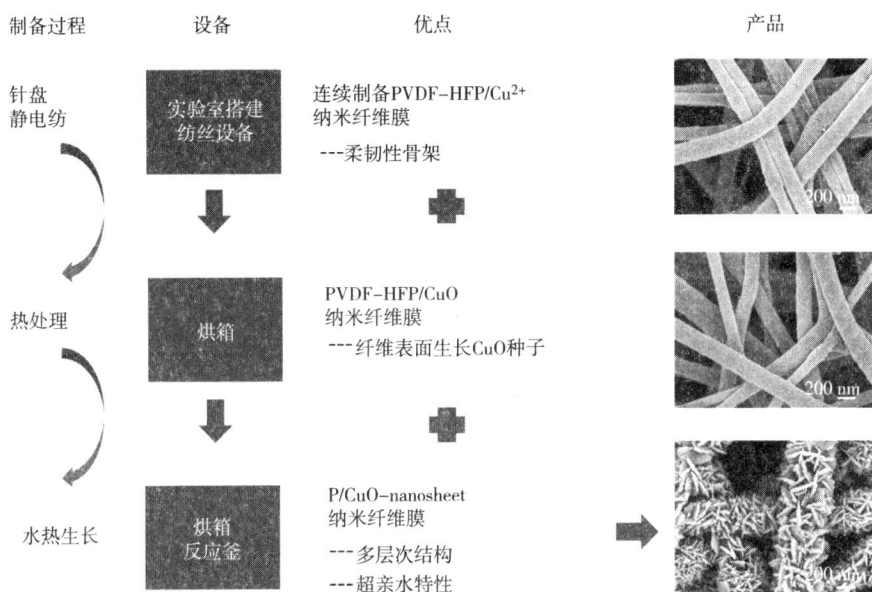

图 6-3-1　P/CuO-nanosheet 纳米纤维膜制备过程及优点示意图

二、P/CuO-nanosheet 纳米纤维膜性能

1.P/CuO-nanosheet纳米纤维膜形貌及润湿特性

所得纳米纤维膜的形貌和润湿性如图6-3-2所示。显然，由于Cu（Ac）$_2$被整合到PVDF-HFP纳米纤维中，初纺膜的颜色为浅蓝色，所得的纳米纤维直径均匀（178nm±24nm）。PVDF-HFP/Cu^{2+}膜的水接触角为141.2°，由于PVDF-HFP的疏水性好，因此PVDF-HFP/Cu^{2+}具有良好的疏水特性。有趣的是，所得的P/CuO-nanosheet膜的颜色为黑色，与CuO的颜色一致。可以看出，纳米片为几纳米厚度和100~400nm长的片状结构，这表明水热生长后得到CuO纳米片。同时，纳米纤维膜的接触角从141.2°急剧变化到0°，实现了超亲水功能的构建。超亲水性是由锚固在柔性PVDF-HFP上的CuO纳米片的粗糙表面和CuO的亲水性所致，这与所报道的相关原理一致，即粗糙的亲水性表面具有更好的亲水性[53]。因此，由于CuO纳米片极其粗糙的表面和CuO的亲水性，所得纤维膜具有超亲水特性。

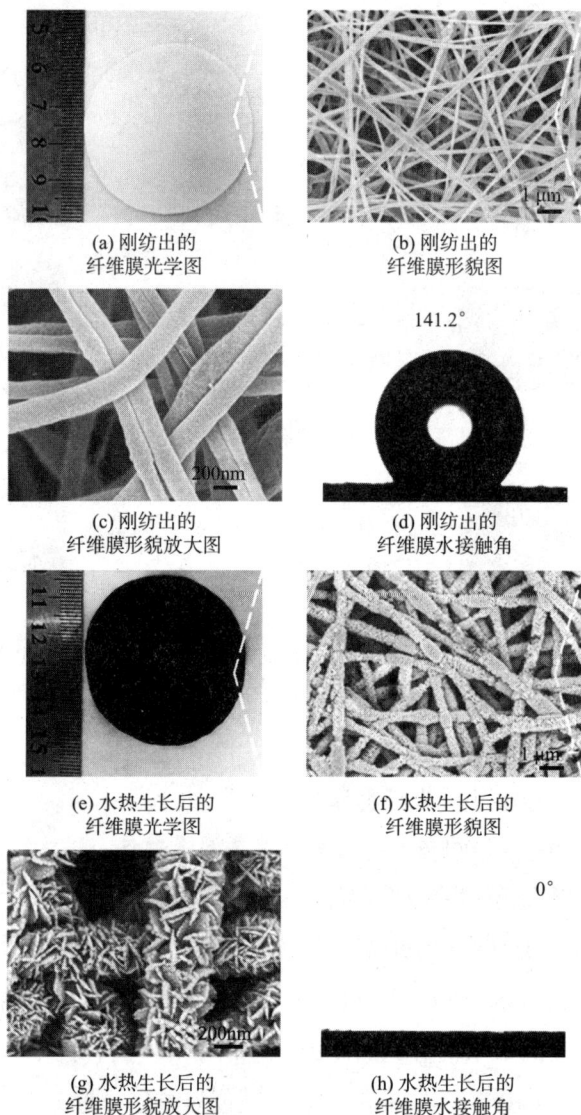

(a) 刚纺出的
纤维膜光学图

(b) 刚纺出的
纤维膜形貌图

(c) 刚纺出的
纤维膜形貌放大图

(d) 刚纺出的
纤维膜水接触角

(e) 水热生长后的
纤维膜光学图

(f) 水热生长后的
纤维膜形貌图

(g) 水热生长后的
纤维膜形貌放大图

(h) 水热生长后的
纤维膜水接触角

图 6-3-2 刚纺出的纳米纤维与水热生长后的纳米纤维膜形貌与润湿特性

　　为了进一步表征纳米纤维膜形貌和性能，图6-3-3显示了PVDF-HFP/
CuO-nanosheet纳米纤维膜在不同放大倍数下的形貌和横截面图。显然，
CuO纳米片以随机方式覆盖在PVDF-HFP纳米纤维的表面，同时CuO纳米
片覆盖了所有的PVDF-HFP纳米纤维。该结果由图6-3-3（e~h）证实，形

成以PVDF-HFP为核、CuO纳米片为壳的核壳结构有机无机纳米纤维膜。此外，可以在每根纤维上观察到这种独特的结构，这表明CuO纳米片可以很好地固定在PVDF-HFP纳米纤维表面上。

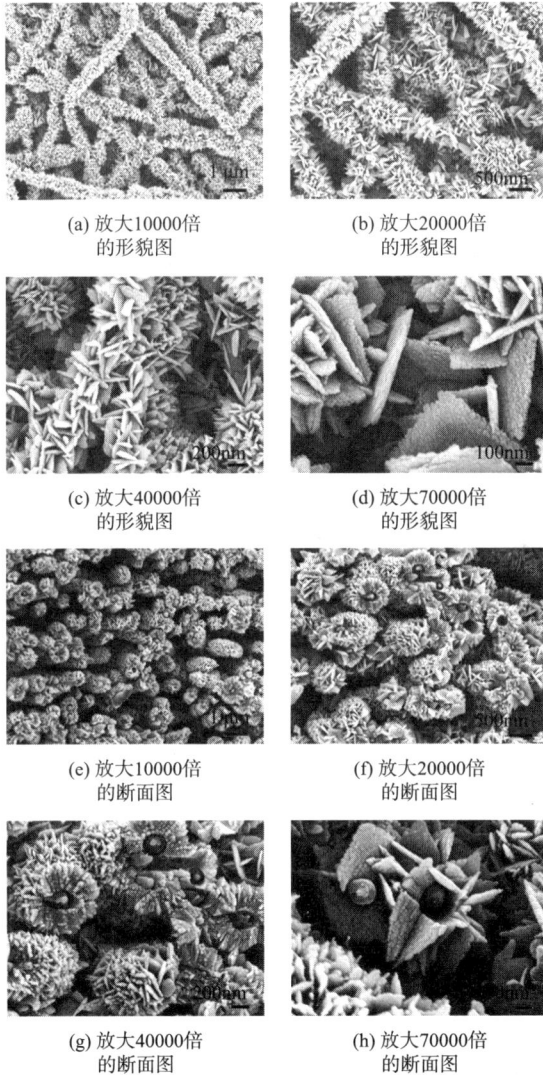

(a) 放大10000倍
的形貌图

(b) 放大20000倍
的形貌图

(c) 放大40000倍
的形貌图

(d) 放大70000倍
的形貌图

(e) 放大10000倍
的断面图

(f) 放大20000倍
的断面图

(g) 放大40000倍
的断面图

(h) 放大70000倍
的断面图

图 6-3-3　不同放大倍数纤维膜形貌图和断面图

此外，P/CuO-nanosheet纳米纤维膜显示出极高的柔韧性和良好的力学性能。如图6-3-4所示，PVDF-HFP/CuO-nanosheet纳米纤维膜可以折叠成不同的形状，例如，用镊子夹取纤维膜，而大部分纤维膜仅靠重力就悬垂下去［图6-3-4（a）］，成卷后用镊子可以很好地夹取［图6-3-4（b）］，在平台上自由地弯曲［图6-3-4（c）］，通过玻璃棒卷曲纤维膜［图6-3-4（d）］。这些现象充分说明了该P/CuO-nanosheet纳米纤维膜具备优异的柔韧特性。

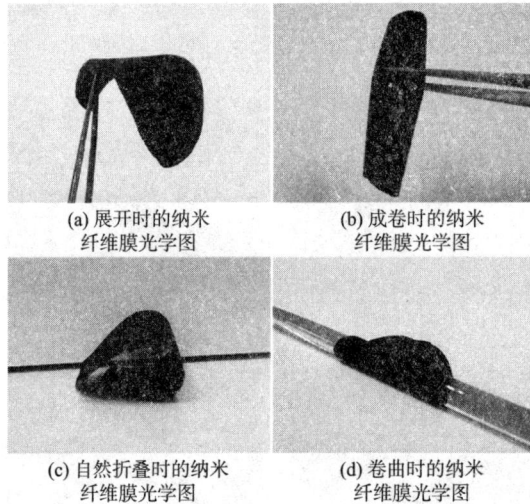

(a) 展开时的纳米
纤维膜光学图

(b) 成卷时的纳米
纤维膜光学图

(c) 自然折叠时的纳米
纤维膜光学图

(d) 卷曲时的纳米
纤维膜光学图

图 6-3-4　不同条件下 PVDF-HFP/CuO-nanosheet 纳米纤维膜光学图

2.P/CuO-nanosheet纳米纤维膜结构特点

根据以上形貌和结构表征，提出P/CuO-nanosheet纳米纤维膜形成机理如下：将PVDF-HFP聚合物和Cu（Ac）$_2$溶解在一起，制备出PVDF-HFP/Cu（Ac）$_2$复合骨架纳米纤维膜。通过热反应后，红外光谱表明CH_3COO^-自由基发生了反应，PVDF-HFP/CuO膜中1564cm^{-1}（—COO—）和1346cm^{-1}（—CH$_3$）消失[54-55]，而PVDF中却存在CH_3COO^-自由基（图6-3-5）。红外光谱表明，在烘箱中，Cu（Ac）$_2$与H_2O之间发生了反应，生成了醋酸和CuO。在醋酸蒸发后，PVDF-HFP纳米纤维上便得

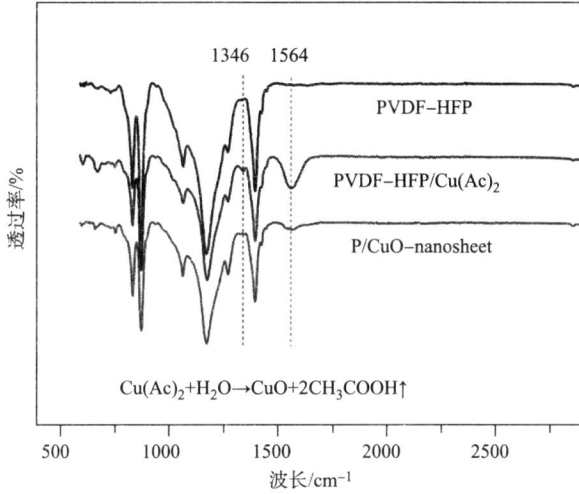

图 6-3-5 PVDF-HFP、PVDF-HFP/Cu（Ac）$_2$、P/CuO-nanosheet 纳米纤维膜红外光谱图

到了CuO。此过程之后，CuO种子在PVDF-HFP纳米纤维的表面形成并分散在表面。在水热过程之后，在32.6°、35.7°、38.8°、48.9°、53.5°、58.1°、61.7°、66.1°和68.1°的峰（图6-3-6）表明单斜晶系CuO晶体的生成［与标准卡（JCPDS）中的值相对应］[56-57]。在此过程中，随着温度

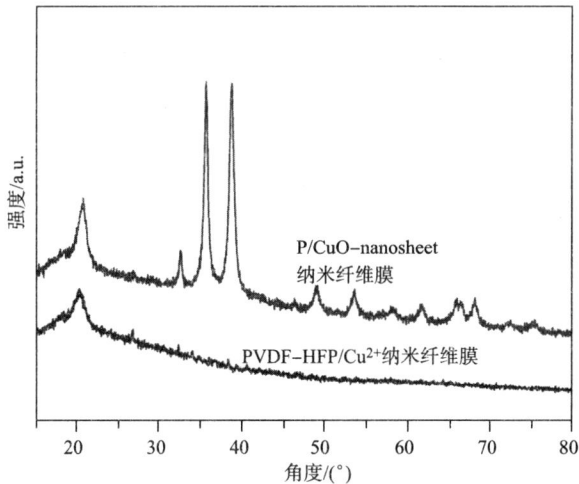

图 6-3-6 PVDF-HFP/Cu^{2+}、P/CuO-nanosheet 纳米纤维膜 X 射线衍射图

的升高，反应朝着生成Cu（OH）$_2$的方向发展。随后，Cu（NH$_3$）$_4^{2+}$脱水反应在纳米纤维上的CuO种子与生长培养基之间的界面处形成了CuO纳米片的晶核。晶核形成后，CuO逐渐生长，最终形成CuO纳米片。即经过以上三个过程，便得到核壳机构有机无机P/CuO-nanosheet纳米纤维膜。

三、P/CuO-nanosheet 纳米纤维膜微滤应用表征

纯水通量是实际应用的关键指标。纯水通量装置为实验室自行搭建（图6-3-7），主要包含氮气瓶、压力计、过滤杯、盛液槽、烧杯、天平、计算机等部分。因此，通过自制装置研究了PVDF-HFP/Cu^{2+}和P/CuO-nanosheet纳米纤维膜在不同压力下的水通量（图6-3-8）。如图6-3-8所示，在0~2×10^{5}Pa的压力下，P/CuO-nanosheet膜的水通量高于PVDF-HFP/Cu^{2+}纳米纤维膜。而且，两种膜间的纯水通量差距随着压力的增加而逐渐增大。值得注意的是，仅靠重力作用水可以通过P/CuO-nanosheet纳米纤维膜，而PVDF-HFP/Cu^{2+}纳米纤维膜在仅靠重力作用时，水不能渗透过膜。这种现象是由于超亲水性P/CuO-nanosheet纳米纤维膜对水的亲和力强产生的，而PVDF-HFP/Cu^{2+}纳米纤维膜具备较好的疏水性，膜表现出斥水现象，这与已报道的相关研究结果一致。

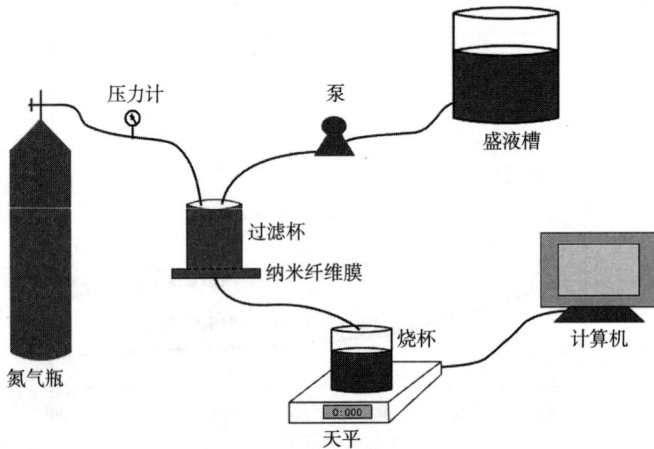

图 6-3-7　自制微滤装置的示意图

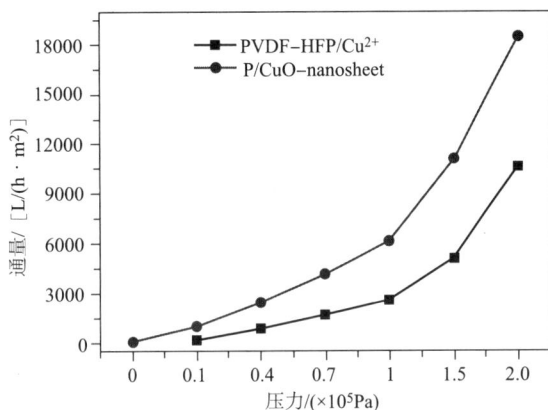

图 6-3-8　PVDF-HFP/Cu^{2+} 和 P/CuO-nanosheet 纤维膜在不同压力下的纯水通量

图6-3-9显示了P/CuO-nanosheet纳米纤维膜的分离性能。分离过程中，具有不同直径的聚苯乙烯（PS）微球水溶液用作模型污染物。如图6-3-9所示，0.1μm和0.2μmPS微粒的分离效率分别为81.7%和95.4%，这表明所得的P/CuO-nanosheet纳米纤维膜不能有效地过滤0.1μm和0.2μm PS微球水溶液，这是由于目前研究中纳米纤维膜孔径的限制。但是当PS微孔直径大于0.3μm时，分离效率高于99.89%。同时，随着PS微孔直径的增加，过滤过程中水通量增加。由此可推测：①由于PS微球尺寸小，PS微球容易堵塞纳米纤维膜孔；②连续过滤在膜上容易形成PS微球层。因此，较

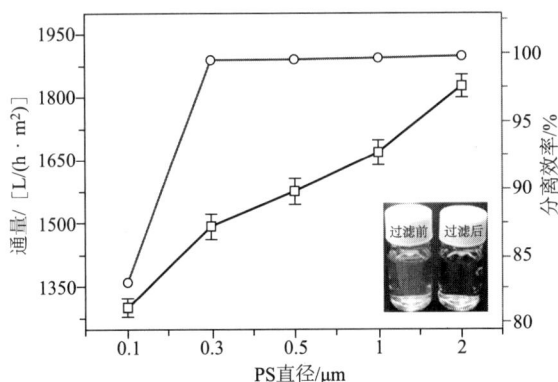

图 6-3-9　不同直径 PS 微球水溶液膜过滤水通量和分离效率

小的PS微球的堆积容易形成较小孔径的PS微球层，进而导致较低的水通量。因此，随着PS微球直径的增加，纯水通量呈增大趋势。

在水过滤过程中，膜污染是经常面临的问题。膜污染主要归因于有机污染物在孔隙或粗糙疏水膜表面上的积累，这往往会降低净水的生产效率和导致较高的能耗。如图6-3-10所示，过滤60min后，P/CuO-nanosheet纳米纤维膜的水通量从1977.2L/（h·m^2）变为1937.8L/（h·m^2），保持了98.10%的水通量。这种现象是由P/CuO-nanosheet纳米纤维膜超亲水特性引起的。由于纳米纤维膜具备超亲水特性，在纳米纤维表面和有机污染物之间形成一层水的界面，从而能保持纳米纤维膜具备较好的抗污染特性[58]。不同的是，过滤60min后，PVDF-HFP/Cu^{2+}纳米纤维膜的水通量从1724.8L/（h·m^2）急剧下降至210.5L/（h·m^2），表明PVDF-HFP/Cu^{2+}纳米纤维膜抗污染能力较差。

为了进一步表征P/CuO-nanosheet纳米纤维膜的抗污性能，分别考察PVDF-HFP/Cu^{2+}纳米纤维膜和P/CuO-nanosheet纳米纤维膜对浓度为0.001%的腐殖酸水溶液过滤前后的形貌特点。如图6-3-10所示，过滤后，P/CuO-nanosheet纳米纤维膜仍保持黑色，而PVDF-HFP/Cu^{2+}纳米纤维膜过滤后颜色由淡蓝色变为棕色，这是膜表面残留的腐殖酸呈现的颜色。表明PVDF-HFP/Cu^{2+}纳米纤维膜在过滤过程中抗污能力差，纤维膜表面吸附了

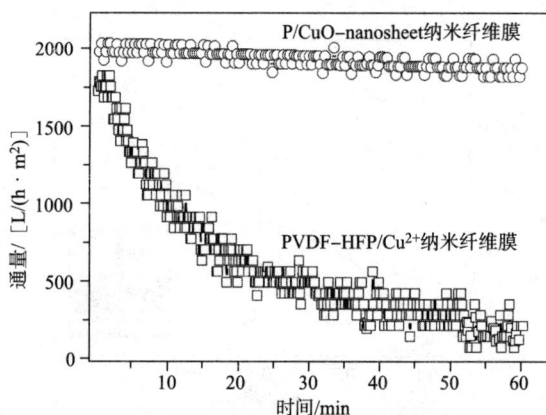

图6-3-10　PVDF-HFP/Cu^{2+}和P/CuO-nanosheet纳米纤维膜长时间过滤水通量变化

较多污染物。同时，可以清楚地看到，过滤后腐殖酸覆盖在PVDF-HFP/Cu^{2+}纳米纤维膜的纤维表面上，而P/CuO-nanosheet纳米纤维膜在过滤后保持纤维形态，进一步证明了超亲水P/CuO-nanosheet纳米纤维膜具备排斥有机物的特点，显示出良好的抗污染性能。

基于膜结构性能特点，推测P/CuO-nanosheet纳米纤维膜的抗污机理如下（图6-3-11）：由于P/CuO-nanosheet纳米纤维膜的超亲水特性，

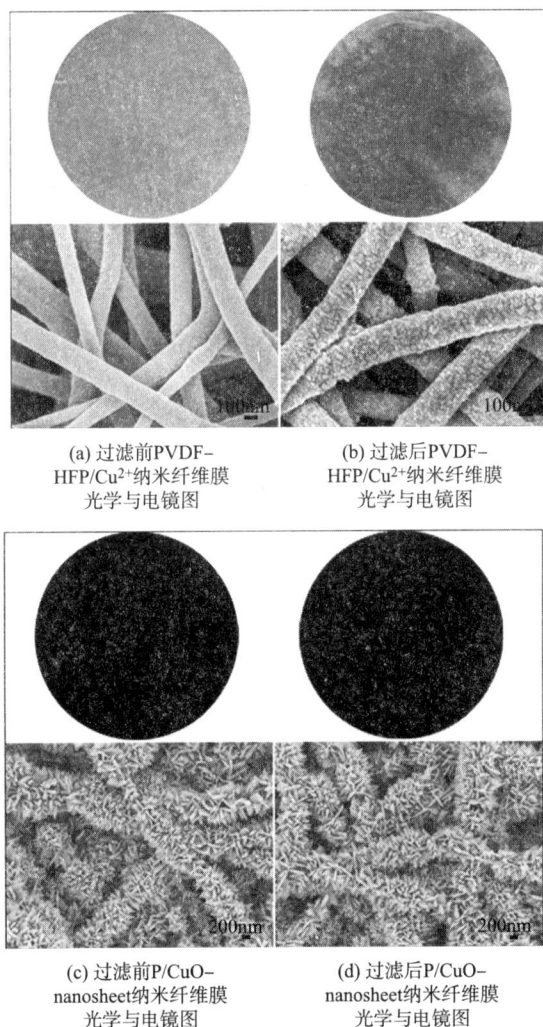

(a) 过滤前PVDF-
HFP/Cu^{2+}纳米纤维膜
光学与电镜图

(b) 过滤后PVDF-
HFP/Cu^{2+}纳米纤维膜
光学与电镜图

(c) 过滤前P/CuO-
nanosheet纳米纤维膜
光学与电镜图

(d) 过滤后P/CuO-
nanosheet纳米纤维膜
光学与电镜图

图 6-3-11 过滤前后 PVDF-HFP/Cu^{2+} 和 P/CuO-nanosheet 纳米纤维膜光学图片与电镜图

一旦膜与水接触，会立即在纤维表面和有机物之间的界面上形成水层，该水层就像一个屏障可防止纳米纤维和有机物之间的接触，因此有机物不会污染纤维膜，从而使得P/CuO-nanosheet纳米纤维膜表现出良好的抗污性能[59-60]。与此同时，净水渗透穿过纤维膜而有机物由于膜的孔径而被阻挡，P/CuO-nanosheet纳米纤维膜表现出优异的分离污染物的能力。

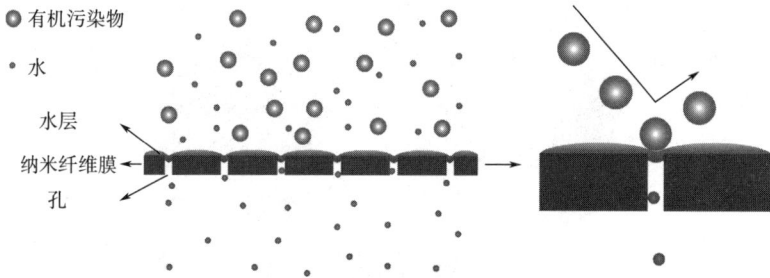

图6-3-12 P/CuO-nanosheet纳米纤维膜抗污机理示意图

本章小结

本章结合可控多射流针盘静电纺技术、原位生长法和水热生长法，制备出超亲水P/CuO-nanosheet纳米纤维膜，并研究了P/CuO-nanosheet纳米纤维膜的制备机理，最后探究了P/CuO-nanosheet纳米纤维膜在油水分离和微滤中应用。本章结论总结如下。

（1）P/CuO-nanosheet纳米纤维膜具有超亲水/水下超疏油特性、良好的柔韧性、断裂强度和拉伸性能。

（2）P/CuO-nanosheet纳米纤维膜制备过程中，热处理过程生成的CuO种子是水热法生长CuO纳米片的关键。而生长温度是影响生成CuO纳米片形貌的关键因素。

（3）P/CuO-nanosheet纳米纤维膜对油水混合物有很好的过滤效果，对油滴尺寸大于1μm的油水乳液的过滤效果达到99.80%以上。

（4）P/CuO-nanosheet纳米纤维膜可以在不同的滤液温度和不同的盐浓度下使用，显示出广泛的适用范围。

（5）P/CuO-nanosheet纳米纤维膜对0.3μm以上微球有较好的截留效果，且具有较好的膜抗污染特性。

参考文献

［1］LI F, KONG W, ZHAO X, et al. Multifunctional TiO_2-based superoleophobic/superhydrophilic coating for oil-water separation and oil purification［J］. ACS applied materials & interfaces，2020，12（15）：18074-18083.

［2］LI X, SHAN H, ZHANG W, et al. 3D printed robust superhydrophilic and underwater superoleophobic composite membrane for high efficient oil/water separation［J］. Separation and Purification Technology，2020，237：116324.

［3］XUE Z, CAO Y, LIU N, et al. Special wettable materials for oil/water separation. Journal of Materials Chemistry A，2014，2（8）：2445-2460.

［4］GUNATILAKE U B, BANDARA J. Fabrication of highly hydrophilic filter using natural and hydrothermally treated mica nanoparticles for efficient waste oil-water separation［J］. Journal of Environmental Management，2017，191：96-104.

［5］OU R, WEI J, JIANG L, et al. Robust thermoresponsive polymer composite membrane with switchable superhydrophilicity and superhydrophobicity for efficient oil-water separation［J］. Environmental Science & Technology，2016，50（2）：906-914.

［6］XU Z, ZHAO Y, WANG H, et al. Fluorine-free superhydrophobic coatings with pH-induced wettability transition for controllable oil-water separation [J]. ACS Applied Materials & Interfaces, 2016, 8 (8): 5661-5667.

[7] ZHANG Z M, GAN Z Q, BAO R Y, et al. Green and robust superhydrophilic electrospun stereocomplex polylactide membranes : multifunctional oil/water separation and self-cleaning [J]. Journal of Membrane Science, 2020, 593: 117420.

[8] MA Q, CHENG H, FANE A G, et al. Recent development of advanced materials with special wettability for selective oil/water separation [J]. Small, 2016, 12 (16): 2186-2202.

[9] ZHANG F, ZHANG W B, SHI Z, et al. Nanowire-haired inorganic membranes with superhydrophilicity and underwater ultralow adhesive superoleophobicity for high-efficiency oil/water separation [J]. Advanced Materials, 2013, 25 (30): 4192-4198.

[10] YANG J, WANG L, XIE A, et al. Facile surface coating of metal-tannin complex onto PVDF membrane with underwater superoleophobicity for oil-water emulsion separation [J]. Surface and Coatings Technology, 2020, 389: 125630.

[11] XU C, YAN F, WANG M, et al. Fabrication of hyperbranched polyether demulsifier modified PVDF membrane for demulsification and separation of oil-in-water emulsion [J]. Journal of Membrane Science, 2020, 602: 117974.

[12] LU J, LIU M, ZHOU S, et al. Electrospinning fabrication of ZnWO$_4$ nanofibers and photocatalytic performance for organic dyes [J]. Dyes and Pigments, 2017, 136: 1-7.

[13] LI D, MCCANN J T, XIA Y, et al. Electrospinning : a simple and versatile technique for producing ceramic nanofibers and nanotubes [J]. Journal of the American Ceramic Society, 2006, 89 (6): 1861-1869.

［14］SHEIKH F A，ZARGAR M A，TAMBOLI A H，et al. A super hydrophilic modification of poly（vinylidene fluoride）（PVDF）nanofibers：By in situ hydrothermal approach［J］. Applied Surface Science，2016，385：417-425.

［15］LIANG S，KANG Y，TIRAFERRI A，et al. Highly hydrophilic polyvinylidene fluoride（PVDF）ultrafiltration membranes via postfabrication grafting of surface-tailored silica nanoparticles［J］. ACS Applied Materials & Interfaces，2013，5（14）：6694-6703.

［16］BALAMURUGAN B，MEHTA B R. Optical and structural properties of nanocrystalline copper oxide thin films prepared by activated reactive evaporation［J］. Thin Solid Films，2001，396（1）：90-96.

［17］CHEN A，LONG H，LI X，et al. Controlled growth and characteristics of single-phase Cu_2O and CuO films by pulsed laser deposition［J］. Vacuum，2009，83（6）：927-930.

［18］车璇，王磊，孟晓荣，等.复合稀释剂法制备聚偏氟乙烯超滤膜［J］.水处理技术，2013，39（7）：53-56.

［19］缪玲玲，杜文姬，胡耀娟，等.微波水热法合成纳米氧化铜及抗菌性能［J］.化工时刊，2013，27（8）：10-13.

［20］ZHU J，LI D，CHEN H，et al. Highly dispersed CuO nanoparticles prepared by a novel quick-precipitation method［J］. Materials Letters，2004，58（26）：3324-3327.

［21］ADACHI M，MURATA Y，TAKAO J，et al. Highly efficient dye-sensitized solar cells with a titania thin-film electrode composed of a network structure of single-crystal-like TiO_2 nanowires made by the "oriented attachment" mechanism［J］. Journal of the American Chemical Society，2004，126（45）：14943-14949.

［22］ZHANG Z P，SUN H P，SHAO X Q，et al. Three-dimensionally oriented aggregation of a few hundred nanoparticles into monocrystalline architectures ［J］. Advanced Materials, 2005, 17（1）: 42-47.

［23］ZHANG X, ZHU W, HE G, et al. Flexible and mechanically robust superhydrophobic silicone surfaces with stable Cassie-Baxter state ［J］. Journal of Materials Chemistry A, 2016, 4（37）: 14180-14186.

［24］KIM S, CHO H, HWANG W. Robust superhydrophilic depth filter and oil/water separation device with pressure control system for continuous oily water treatment on a large scale ［J］. Separation and Purification Technology, 2021, 256: 117779.

［25］DING Y, WU J, WANG J, et al. Superhydrophilic carbonaceous-silver nanofibrous membrane for complex oil/water separation and removal of heavy metal ions, organic dyes and bacteria ［J］. Journal of membrane science, 2020, 614: 118491.

［26］TAO M, XUE L, LIU F, et al. An intelligent superwetting PVDF membrane showing switchable transport performance for oil/water separation ［J］. Advanced Materials, 2014, 26（18）: 2943-2948.

［27］TAN B Y L, JUAY J, LIU Z, et al. Flexible hierarchical TiO_2/Fe_2O_3 composite membrane with high separation efficiency for surfactant-stabilized oil-water emulsions ［J］. Chemistry-An Asian Journal, 2016, 11（4）: 561-567.

［28］SIRACUSANO S, TROCINO S, BRIGUGLIO N, et al. Analysis of performance degradation during steady-state and load-thermal cycles of proton exchange membrane water electrolysis cells ［J］. Journal of Power Sources, 2020, 468: 228390.

［29］YAO M, TIJING L D, NAIDU G, et al. A review of membrane wettability for the treatment of saline water deploying membrane distillation ［J］. Desalination, 2020, 479: 114312.

［30］SUN T, LIU Y, SHEN L, et al. Magnetic field assisted arrangement of photocatalytic TiO_2 particles on membrane surface to enhance membrane antifouling performance for water treatment［J］. Journal of colloid and interface science，2020，570：273-285.

［31］ZHANG M，CUI J，LU T，et al. Robust，functionalized reduced graphene-based nanofibrous membrane for contaminated water purification ［J］. Chemical Engineering Journal，2021，404：126347.

［32］赵晓燕，黄晨，刘远. 水过滤用膜材料的制备及其性能研究进展［J］. 应用化工，2020，49（3）：781-787，791.

［33］EL-SAMAK A A，PONNAMMA D，HASSAN M K，et al. Designing flexible and porous fibrous membranes for oil water separation-A review of recent developments［J］. Polymer Reviews，2020，60（4）：671-716.

［34］HARIS A，IRHAMSYAH A，PERMATASARI A D，et al. Pervaporation membrane based on laterite zeolite-geopolymer for ethanol-water separation［J］. Journal of Cleaner Production，2020，249：119413.

［35］ETERIGHO-IKELEGBE O，BADA S，DARAMOLA M O，et al. Synthesis of high purity hydroxy sodalite nanoparticles via pore-plugging hydrothermal method for inorganic membrane development：Effect of synthesis variables on crystallinity，crystal size and morphology［J］. Materials Today：Proceedings，2021，38：675-681.

［36］WU S L，LIU F，YANG H C，et al. Recent progress in molecular engineering to tailor organic-inorganic interfaces in composite membranes［J］. Molecular Systems Design & Engineering，2020，5（2）：433-444.

［37］GUO Y，GONG L，GAO S，et al. Cupric phosphate mineralized polymer membrane with superior cycle stability for oil/water emulsion separation［J］. Journal of Membrane Science，2020，612：118427.

［38］LIAO Y，ZHENG G，HUANG J J，et al. Development of robust and superhydrophobic membranes to mitigat emembrane scaling and fouling in membrane distillation［J］. Journal of Membrane Science，2020，601：

117962.

［39］YU X, LI Y, WANG X, et al. Thermoconductive, moisture-permeable, and superhydrophobic nanofibrous membranes with interpenetrated boron nitride network for personal cooling fabrics［J］. ACS Applied Materials & Interfaces, 2020, 12 (28): 32078-32089.

［40］WANG D, HUANG J, GUO Z. Tomato-lotus inspired edible superhydrophobic artificial lotus leaf［J］. Chemical Engineering Journal, 2020, 400: 125883.

［41］JU J, LI Z, LV Y, et al. Electrospun PTFE/PI bi-component membranes with robust 3D superhydrophobicity and high water permeability for membrane distillation［J］. Journal of Membrane Science, 2020, 611: 118420.

［42］李国滨, 刘海峰, 李金辉, 等. 超疏水材料的研究进展［J］. 高分子材料科学与工程, 2020, 36 (12): 142-150.

［43］LU J, ZHU X, MIAO X, et al. Photocatalytically active superhydrophilic/superoleophobic coating［J］. ACS omega, 2020, 5 (20): 11448-11454.

［44］LI K, CHEN W, WU W, et al. Facile fabrication of superhydrophilic/underwater superoleophobic polyvinyl acetate/sodium silicate composite coating for the effective water/oil separation and the study on the anti-fouling property, durability and separation mechanism［J］. Progress in Organic Coatings, 2021, 150: 105979.

［45］马智波, 梁帅, 马广玉, 等. 超亲水石墨烯/二氧化硅复合膜的制备优化和表征［J］. 环境工程学报, 2020, 14 (7): 1743-1751.

［46］DENG W, LI Y. Novel superhydrophilic antifouling PVDF-BiOCl nanocomposite membranes fabricated via a modified blending-phase inversion method［J］. Separation and Purification Technology, 2021, 254: 117656.

［47］WANG M, XU Z, HOU Y, et al. Fabrication of a superhydrophilic PVDF membrane with excellent chemical and mechanical stability for highly efficient emulsion separation［J］. Separation and Purification Technology, 2020: 117408.

［48］XIONG Z, HE Z, MAHMUD S, et al. Simple amphoteric charge strategy to reinforce superhydrophilic polyvinylidene fluoride membrane for highly efficient separation of various surfactant-stabilized oil-in-water emulsions［J］. ACS Applied Materials & Interfaces, 2020, 12（41）: 47018-47028.

［49］LIU E, ZHANG X, XUE P, et al. Carbon membrane bridged ZnSe and TiO_2 nanotube arrays : fabrication and promising application in photoelectrochemical water splitting［J］. International Journal of Hydrogen Energy, 2020, 45（16）: 9635-9647.

［50］XU Y, LI X, WANG J, et al. Fe-doped CoP flower-like microstructure on carbon membrane as integrated electrode with enhanced sodium ion storage［J］. Chemistry-A European Journal, 2020, 26（6）: 1298-1305.

［51］ANG E Y, TOH W, YEO J, et al. A review on low dimensional carbon desalination and gas separation membrane designs［J］. Journal of Membrane Science, 2020, 598: 117785.

［52］ZHOU Y, ZHANG J, WANG Z, et al. Amodified TA-APTES coating : Endowing porous membranes with uniform, durable superhydrophilicity and outstanding anti-crude oil-adhesion property via one-step process［J］. Journal of Membrane Science, 2021, 618: 118703.

［53］LIU Z, CAO R, WEI A, et al. Superflexible/superhydrophilic PVDF-HFP/CuO-nanosheet nanofibrous membrane for efficient microfiltration［J］. Applied Nanoscience, 2019, 9（8）: 1991-2000.

［54］AMINI N, HAYATI P. Effects of CuO nanoparticles as phase change material on chemical, thermal and mechanical properties of asphalt binder and mixture [J]. Construction and Building Materials, 2020, 251: 118996.

[55] TAHA M A, YOUNESS R A, ZAWRAH M F. Phase composition, sinterability and bioactivity of amorphous nano-CaO-SiO$_2$-CuO powder synthesized by sol-gel technique [J]. Ceramics International, 2020, 46 (15): 24462-24471.

[56] JAMILA G S, SAJJAD S, LEGHARI S A K, et al. Role of nitrogen doped carbon quantum dots on CuO nano-leaves as solar induced photo catalyst [J]. Journal of Physics and Chemistry of Solids, 2020, 138: 109233.

[57] SHAHEEN T I, FOUDA A, SALEM S S. Integration of cotton fabrics with biosynthesized CuO nanoparticles for bactericidal activity in the terms of their cytotoxicity assessment [J]. Industrial & Engineering Chemistry Research, 2021, 60 (4): 1553-1563.

[58] ZHANG Y, LI T T, REN H T, et al. Tuning the gradient structure of highly breathable, permeable, directional water transport in bi-layered Janus fibrous membranes using electrospinning [J]. RSC Advances, 2020, 10 (6): 3529-3538.

[59] SUN Y, ZONG Y, YANG N, et al. Surface hydrophilic modification of PVDF membranes based on tannin and zwitterionic substance towards effective oil-in-water emulsion separation [J]. Separation and Purification Technology, 2020, 234: 116015.

[60] YUAN T, YIN J, LIU Y, et al. Micro/nanoscale structured superhydrophilic and underwater superoleophobic hybrid-coated mesh for high-efficiency oil/water separation [J]. Polymers, 2020, 12 (6): 1378.

第七章　结论与展望

一、主要贡献与结论

1.提出了可控多射流针盘静电纺丝方法

受到大自然"尖端放电"现象的启发，本文在原有金属盘的基础上，在金属盘的边缘添加金属针。添加金属针后，使金属盘边沿的曲率变得不同。在针尖处的面电荷密度很大，所以在同样的条件下，此处的电场强度很大。因此，使得针盘静电纺在低电压下纺丝成为可能。针尖的表面覆盖一层薄薄的纺丝液，使人很容易联想到"泰勒锥"。因此，针盘静电纺产生泰勒锥的过程是主动的，也进一步证实其不需要很高的电压来产生泰勒锥，进而产生多射流。由数值模拟和实验验证结果可知，针盘静电纺可以在较低的电压下，大批量制备高质量、多种类聚合物纳米纤维。

2.研究了纺丝参数对纺丝过程和纳米纤维的影响

采用数值模拟和实验验证相结合的方法系统地研究了：针盘静电纺针盘参数如针头数量、针头直径、针头长度等对纺丝过程和纳米纤维的影响；纺丝参数如纺丝电压、接收距离对纺丝的影响；纺丝过程中，纺丝电压、接收距离、针盘旋转速度对纺丝产量的影响；并在前面研究的基础上提出合理的针盘静电纺纺丝过程。由结果可知，针头数量对电场强度的影响最大，针头直径和针头长度等对电场强度的影响相对较小；纳米纤维产量随着纺丝电压的增加、接收距离的减小、针盘旋转速度的增加而增加。但在实际的纺丝过程中，要根据具体纺丝液特性，并综合考虑纳米纤维形貌和产量来选择这些纺丝参数。改变针盘参数和纺丝参数可以得到不同直径和产量的纳米纤维膜，体现出针盘静电纺的可控性。

3.研究了二元溶剂对纳米纤维特殊表面形貌的影响

本文通过PMMA和PVDF-HFP两种聚合物，系统、全面地研究了二元溶剂在形成褶皱表面形貌中的关键作用。由结果可知，改变二元溶剂的比例可以调控所得纳米纤维的表面形貌和纤维直径。在一定的二元溶剂比例下，可以得到超疏水的PMMA纳米纤维膜。但对于PVDF-HFP来说，仅仅改变二元溶剂比例并不能得到褶皱表面的纳米纤维。但在高湿度下，在二元溶剂质量比为5∶5时，得到多层次结构的褶皱表面的纳米纤维膜，并具有超疏水特性。由此可知，二元溶剂和纺丝湿度是形成褶皱表面纳米纤维膜的关键因素。

4.制备出超亲水有机无机纳米纤维膜并应用于油水分离及水过滤中

结合静电纺丝技术、热处理方法和水热法技术，在PVDF-HFP纳米纤维表面原位生长CuO纳米片。因为CuO本身亲水特性和CuO纳米片的粗糙表面，使得杂化后的有机无机纳米纤维膜表现出超亲水特性。在FE-SEM、红外光谱和X射线衍射等结果基础上提出CuO纳米片生长机理：①纺丝过程中，$Cu(Ac)_2$均匀分布在PVDF-HFP表面；②热处理后，$Cu(Ac)_2$发生反应在表面生成CuO种子；③水热法生长过程中，在CuO种子与生长液的界面处形成CuO晶核，晶核形成后，CuO继续生长便形成CuO纳米片。在此过程中，CuO种子的存在是生长CuO纳米片的关键；而生长液温度是影响P/CuO-nanosheet纳米纤维膜形貌的关键因素。超亲水/水下超疏油P/CuO-nanosheet纳米纤维膜对油滴尺寸大于1μm的油水乳液有较好的分离效果，且分离效率超过99.80%。此外，功能膜对0.3μm以上微球有较好的截留效果，且具有较好的膜抗污染特性，体现出P/CuO-nanosheet纳米纤维膜在水过滤领域中有较好的应用前景。

二、不足与展望

1.纺丝参数对纳米纤维形貌和产量的影响需进一步完善

对于特定的纺丝装置来说，一定有其最高的临界电压。在此电压下产量最高或者再高的电压会存在比较大的安全隐患，对于针盘静电纺也是如此。由之前的研究结果可知，随着电压的增加，纳米纤维产量会增加。所以，研究更高的电压对纳米纤维产量的影响很有必要。但由于当前的实验条件限制，30kV是最高的电压。由实验可知，随着针盘旋转速度的增加，纳米纤维的产量也会增加。但由于当前实验条件的限制，针盘旋转速度提高有限。这两点对于纳米纤维的产量影响很大，需要进一步完善。

2.纺丝过程中的溶剂挥发问题需进一步改善

与已报道的自由液体表面纺丝法相同，针盘静电纺并没有解决纺丝过程中溶剂挥发的问题。挥发问题关系到纺丝过程的连续性，因此，对纳米纤维的产业化至关重要，需要进一步优化、完善。

3.多孔、褶皱等特殊表面形貌的形成机理需进一步完善

虽然本文系统研究了二元溶剂对纳米纤维特殊表面形貌的影响，但是研究变量不够充足。例如，二元溶剂是否对水溶性聚合物纳米纤维表面形貌有影响等。考查聚合物范围、纺丝参数需增大、增多，从而提出更为普遍的机理。

4.小孔径的超亲水纳米纤维膜制备参数需进一步优化

不论是油水分离还是水过滤，孔径是其中的关键因素。虽然本文制备了超亲水膜来分离油水乳液，但表面活性剂存在的油水乳液中油滴的尺寸很小，需要制备更小孔径的纳米纤维膜来实现油水分离。同时，超亲水膜可以用在微滤和超滤中，因此，超亲水膜在此方面的研究需进一步拓展。

5.CuO基材料在催化、传感器等领域的拓展研究

CuO作为窄带隙的无机P型半导体材料，被广泛用于催化领域。负载在纳米纤维膜上的CuO纳米片有着很多的优点。因此，需进一步拓展负载有CuO纳米片的纳米纤维膜在光催化领域的应用。CuO基纳米材料具有特殊的性能，对外界环境中的光、温度、湿气和某些特定的挥发性气体非常

敏感，如果应用在传感器上，可以提高响应速度、缩短响应时间和增加选择性等。需进一步拓展负载有CuO纳米片的纳米纤维膜在传感器领域的应用。